●学术顾问　陈汗青　潘长学
●丛书主编　罗高生
●丛书副主编　王　娜　姚　湘

· D E S I G ·

全国高等院校设计类"十三五"规划教材

交互设计概论

Jiaohu Sheji Gailun

廖国良　主编

叶国庆　董　文　王　娜　副主编

华中科技大学出版社
http://www.hustp.com
中国·武汉

图书在版编目（CIP）数据

交互设计概论 / 廖国良主编. — 武汉：华中科技大学出版社，2017.8

ISBN 978-7-5680-2841-7

Ⅰ.①交… Ⅱ.①廖… Ⅲ.①人－机系统－系统设计 Ⅳ.①TP11

中国版本图书馆 CIP 数据核字(2017)第 094077 号

交互设计概论
Jiaohu Sheji Gailun

廖国良 主编

策划编辑：张 毅 江 畅

责任编辑：江 畅

封面设计：原色设计

责任监印：朱 玢

出版发行：华中科技大学出版社（中国·武汉） 电话：(027) 81321913
　　　　　武汉市东湖新技术开发区华工科技园 邮编：430223

录　排：武汉正风天下文化发展有限公司

印　刷：武汉市金港彩印有限公司

开　本：880 mm × 1230 mm　1/16

印　张：10

字　数：251 千字

版　次：2019 年 1 月第 1 版第 2 次印刷

定　价：59.00 元

编　委　会

序言

当前，在产业结构深度调整、服务型经济迅速壮大的背景下，社会对设计人才素质和结构的需求发生了一系列变化，并对设计人才的培养模式提出了新的挑战。向应用型、职业型教育转型，是顺应经济发展方式转变的趋势之一。《现代职业教育体系建设规划（2014—2020年）》和《国务院关于加快发展现代职业教育的决定》强调要推动一批普通本科高校向应用技术型高校转型。教材是课堂教学之本，是师生互动的主要依据，是展开教学活动的基础，也是保障和提高教学质量的必要条件。《国家中长期教育改革和发展规划纲要（2010—2020年）》明确要求"加强实验室、校内外实习基地、课程教材等基本建设"。教材在提高设计类专业人才培养质量中起着重要的作用。无论是专业结构、人才培养模式，还是课程转型、教学方法改革，都离不开教材这个载体。

应用型本科院校的设计类专业教材建设相对滞后，不能满足地方社会经济发展和行业对高素质设计人才的需求。对于如何开发、建设设计类专业的应用型教材，我们进行了一些探索。传统的教材建设与应用型、复合型设计人才培养的需求有很大出入，最主要的表现集中在以下两个方面。一是教材的知识更新慢，不能体现设计领域的时代特征，造成理论和实践脱节。应用型本科院校的设计专业设置，大都对接地方社会经济产业链，也可以说属于应用型设计类专业。培养学生的动手能力、实践能力、应用能力理应是教学的重要目标，反映在教材中，不可或缺的是大篇幅的实践教学环节，但是传统教材恰恰重理论、轻实践。传统的教材编写模式脱离了应用型本科院校学生对教材的真实需求，不能适应校企合作的人才培养模式。二是含有设计类专业实践环节的教材数量少、质量差。在专业性较强的领域，或者是伴随着社会经济发展而兴起的新办课程，教材种类少，质量差，缺少配套教学资源，有的甚至在教材方面还是空白的，极大地阻碍了应用型设计人才培养质量的提高。

该系列教材基于应用型本科院校培养目标要求来建立新的理论教学体系和实践教学体系以及学生所应具备的相关能力培养体系，构建能力训练模块，加强学生的基本实践能力与操作技能、专业技术应用能力与专业技能、综合实践能力与综合技能的培养。该系列教材坚持了实效性、实用性、实时性和实情性特点，有意简化烦琐的理论知识,采用实践课题的形式将专业知识融入到一个个实践课题中。课题安排由浅入深，从简单到综合；训练内容尽力契合我国设计类学生的实际情况，注重实际运用，避免空洞的理论介绍；书中安排了大量的案例分析，利于学生吸收并转化成设计能力；从课题设置、案例分析到参考案例，做到分类整合、相互促进；既注重原创性，也注重系统性。该系列教材强调学生在实践中学，教师在实践中教，师生在实践与交互中教学相长，高校与企业在市场中协同发展。该系列教材更强调教师的责任感，使学生增强学习的兴趣与就业、创业的能动性，激发学生不断进取的欲望，为设计教学提供了一个开放与发展的教学载体。笔者仅以上述文字与本系列教材的作者、读者商榷与共勉。

全国艺术专业学位研究生教育指导委员会委员

全国工程硕士专业学位教指委工业设计协作组副组长

上海视觉艺术学院副院长 / 二级教授 / 博士生导师

2017 年 4 月

FOREWORD

前言

　　交互设计的目的是解决用户在使用产品过程中遇到的可用性障碍，使产品更符合用户的使用习惯。在当今社会，受用户青睐的产品除了拥有好看的外观，还需要流畅和舒适的操作体验。对于设计师来说，这样才可以获得更大的商业成就。

　　交互设计是一门交叉性学科，涉及工业设计、信息设计、认知心理学、人机工程学、人机交互等领域。对于设计师来说，想拥有广阔的视野，除了需要进行长期的基本技能训练之外，还需要注重设计思维的培养。

　　本书主要从交互设计的概念入手，讲述交互设计的发展历程，梳理交互设计与其他学科之间的关系，并结合几种设计方法对设计需求、设计研究、交互设计行为和交互技术的发展进行介绍。读者通过对本书的阅读可以对交互设计产生系统和深刻的认识。

编　者

2017 年 5 月

CONTENTS

目录

第 *1* 章

交互设计概述

1.1
日常生活中的交互设计

今天我们处在一个技术和经济高速发展的时代，科技不断进步和信息传播数字化成为这个时代的特征。数字化产品充斥着我们的日常生活，产品功能的增加、不同的使用方式，使人们对产品的固有认识越来越跟不上时代的需求。因此，人与产品之间的交互关系急需重新得到定义，人们对新型的产品需要有更深刻的了解与认识，在这种情况下，交互设计这一概念被提了出来。

有"交互设计之父"之称的 Alan Cooper（艾伦·库珀）在《About Face 4：交互设计精髓》里说："交互设计的强大力量不容置疑，它能够让用户在工作、娱乐和交流之际获得难忘、有效、简单，以及有益的体验"。由此可见交互设计的重要作用。

交互设计是一种产品好用、易用，在使用时能产生愉悦心情的一门综合性、实践性强的学科，其主要特点在于与社会科学技术的发展是紧密相连的。它致力于发掘目标用户和对他们的期望进行数据分析，了解用户即产品使用者在使用产品时与产品之间的交互行为特征。同时，它还包括了解各种有效的交互方式，并对它们进行增强和扩充。交互设计还涉及多个学科，以及和多领域、多背景人员的沟通。通过对产品的界面和行为进行交互设计，让产品和它的使用者之间建立一种有机关系，从而可以有效达到使用者的目标，这就是交互设计的目的。

在日常生活中，我们每天和许许多多的产品进行着不同的交互，如从我们早晨一起床的闹钟到加热早餐的微波炉，从刷公交卡到我们打开计算机开始一天的工作等。交互设计关系到我们生活的方方面面，对社会和生产具有深远的影响。下面我们通过几个生活中的例子来体会。

1.1.1 ATM 机

我们在使用银行卡取钱时总会担心取了钱而忘记了把卡抽出来，甚至于明明已经把卡放入钱包里去了，还会有"强迫症"地打开钱包再检查一遍。而银行卡遗落在 ATM 机上的新闻屡见不鲜（见图 1–1），明明是为了方便我们免去去前台排队取钱的 ATM 机

图1–1　银行卡遗落在ATM机上的新闻

为什么会让我们变得如此难堪和抓狂呢？

　　因此我们要避免这种状况，就需要对ATM机的工作流程进行一个设计，如我们可以让自动取款机先强制性要求用户把卡取出来，然后再正常地吐钱，从而防止银行卡遗失而被盗刷遭受不必要的经济损失。图1-2所示的为中信银行ATM机界面设计。中信银行ATM机的界面就设计得比较合理，退卡提示放在比较显要的位置，并且是先退卡再吐钱的。

图1-2　中信银行ATM机界面设计

1.1.2　火车站自动取票机

　　设立在火车站的自动取票机（见图1-3）的工作原理和银行的ATM机的工作原理类似，都是通过读取卡中芯片的信息然后完成用户任务。但其交互设计就较ATM机好了很多，在取火车票的时候很少出现票拿走了而身份证遗失的现象，这是通过什么来实现的呢？

图1-3　火车站自动取票机

　　我们仔细观察就会发现两者的区别，火车站自动取票机没有像ATM机一样设计插卡的槽口，同时其放置身份证的台面设计为斜面，这样手就必须时时刻刻紧紧拿住身份证，虽然在使用上没有放在平面上那么方便，但是这种强制性的措施达到了我们不遗失身份证这一主要目的，短暂的不便也就变得可以容忍了。

1.1.3　无语音提示的电梯

　　目前，无语音提示的电梯应用极为广泛，成为人们不可或缺的室内垂直运输交通工具。进入电梯轿厢后，在操作面板（见图1-4）上按下表示目的地的按钮，电梯就会在目的地所在楼层停顿。无语音电梯为我们的生活提供了便捷，但是其设计上的不足也给我们带来"不方便"。以下是某个人乘坐电梯的经历。

图1-4 无语音提示的电梯的
轿厢操作面板

"一天我办完事情回家，按了'21'按钮，过了会儿电梯停了，门打开了，我想也没有想就出去掏出钥匙来开门，发现怎么也开不了，而钥匙又是正确的，在左思右想不得其解的时候，抬头一看门牌号才发现原来是2002，也就是说20楼有人按了电梯，电梯停了下来，而我以为就是我要去的21楼"

搭乘电梯原本是为了方便我们生活，达到节省体力快速到达的效果，但其结果却并非一切顺利。为什么会出现这种情况呢？答案就是交互上出了问题。如果在电梯所停的楼层给出一个语音提示，当到达你所要去的楼层时，语音播报"您所乘坐的21楼已到"，那不会出现这种乘错楼层的尴尬和郁闷了。语音播报是交互中的反馈，是交互设计的原则之一，我们将在下面的交互设计原则中详细地讲解。

1.1.4 智能的微信语音

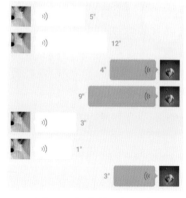

图1-5 智能的微信语音

上面几个例子我们讲的都是与实物的交互，其实和我们生活密切相关的各种软件或APP也都需要交互设计参与其中，以不断地优化产品、提升产品的完美度和用户的体验感受。我们几乎每天都在使用的微信语音就是一款设计得非常合理、非常人性化的产品。当我们直接点开对方发来的语音的时候，系统默认的是扬声器播放模式，这样很方便我们听清别人说的是什么内容；当所处环境人多嘈杂或内容涉及个人隐私时，我们把手机靠近耳朵，扬声器播放模式就自动地转换为听筒模式了，这种设计是不是特别棒？在我们周围，其实有很多设计得比较好的产品，这需要我们注意生活中的细节去发现亮点。

Jesse James Garrett在《用户体验要素》中讲述过一个倒霉蛋的故事：设置好的闹钟没有响，想喝咖啡的时候发现壶里竟然没有咖啡，去加油站加油的时候本可以直接用信用卡刷卡消费，却被告知卡不能被识别，只能去收银员那边排长队人工缴费，因为上班赶时间而最终导致了一场交通事故。到公司的时候他感觉焦躁不安，满腹委屈，筋疲力尽，怒气冲天——实际上他的一天还没有真正开始呢，他甚至都还没有喝咖啡。

当我们回头来分析这些状况的原因时发现，发生交通事故的原因是开车时为了调低收音机的音量，把视线从路面暂时离开。他不得不这么做，因为他用手摸不出哪一个是音量中控按钮。加油机之所以没有识别他的信用卡，是因为他插反了一面，他只要把卡翻面就可以了，但因为时间太匆忙了，他就没有再去试了。咖啡机没有煮出咖啡，是因为在匆忙中没有把"开"的按钮按到底。咖啡机在打开时没有任何迹象表明它是打开的：没有指示灯，没有声音，甚至在按下按钮的时候都没有阻力感。他以为他打开了，其实并没有。而这一大串倒霉事的罪魁祸首就是闹钟。闹钟之所以没有响，是因为半夜猫踩了一下闹钟，使指针改变了。而只需要把闹钟按钮的结构稍微进行改动，就可以避免闹钟的指针被猫改掉，那么他就会按时起床，就不需要那么匆忙，也根本不会出现这么一连串倒霉的事情。好的设计、好的交互可以避免这些倒霉的事情。

"大多数工业事故由人为差错造成：估计在 75%～95%。为什么会有如此无能的人？答案是否定的。这是设计的问题。"——唐耐德.A.诺曼《设计心理学》。"这是设计的问题"可见是一针见血，而交互设计的目的就是架构在产品和用户之间，通过建立一种和谐的关系，有效地完成用户的任务。

1.2
什么是交互设计

1.2.1 交互设计的定义

20 世纪 90 年代初期，随着芯片技术、多媒体技术、互联网技术的飞速发展，设计出的产品是传统的意义上的设计概念不能说明的，它既不是常见的产品设计，也不是计算机科学，虽然会涉及计算机的硬件和软件。IDEO 公司的创始人之一比尔·莫格里吉（Bill Moggridge）意识到这是一个与以往的设计领域都不同的、新的设计领域。在 1984 年一次设计会议上，他将它称为软面（soft face），定位为软件与使用界面设计的综合体。由于这个名字容易让人想起当时流行的胖胖脸颊的填充玩具椰菜娃娃（cabbage patchdoll），而不像一个学科的名称，后来在比尔·佛波兰克（Bill Verplank）的协助下最终将其更名为 Interaction Design——交互设计。

贝壳式首台笔记本电脑设计师 Bill Moggridge 和设计的第一台贝壳式笔记本电脑 gird compass 如图 1-6 和图 1-7 所示。

图1-6　首台贝壳式笔记本电脑设计师**Bill Moggridge**　　图1-7　第一台贝壳式笔记本电脑gird compass

不同的人对于交互设计有着不同的定义。

（1）艾伦·库珀（Alan Cooper）对交互设计的定义。艾伦·库珀（见图 1-8）认为，

图1-8　艾伦·库珀(Alan Cooper)

图1-9　《交互设计——超越人机交互》封面

图1-10　海伦·夏普（Helen Sharp）

交互设计是人工制品、环境和系统的行为，以及传达这种行为的外观元素的设计和定义。交互设计首先规划和描述事物的行为的方式，然后描述传达这种行为的最有效形式。交互设计是一门特别关注以下内容的学科。

① 定义与产品的行为和使用密切相关的产品形式。

② 预测产品的使用如何影响产品与用户的关系，以及用户对产品的理解。

③ 探索产品、人和物质、文化和历史之间的对话。

（2）《交互设计——超越人机交互》（见图1-9）作者对交互设计的定义。该书作者认为，交互设计是指设计支持人们日常工作与生活的交互式产品。具体地说，交互设计就是关于创建新的用户体验的问题，其目的是增强和扩充人们工作、通信及交互的方式。Winnogard（1997）把交互设计描述为人类交流和交互空间的设计。

《交互设计——超越人机交互》探讨了如何设计新一代的交互技术，包括 Web 技术、移动通信技术、可穿戴计算技术等。这些激动人心的新技术为设计人员和开发人员带来了巨大的挑战——不仅需要细致的思考，而且需要使用系统的方法。本书的核心内容是如何设计交互产品，以改进并扩充人们的工作、通信和交互方式。

（3）海伦·夏普（Helen Sharp）对交互设计的定义。海伦·夏普（见图1-10）认为，交互设计是指设计支持人们日常工作与生活的交互式产品。具体地说，交互设计就是关于创建新的用户体验的问题，其目的是增强和扩充人们工作、通信及交互的方式。

我们可以对交互设计下一个简单的定义：交互设计通过对用户行为、心理的分析判断，来帮助用户在最好的体验下达成目标。

1.2.2　如何理解交互设计

交互设计虽然从 20 世纪 90 年代的概念提出到现在才短短几十年，却得到了快速的发展。

交互设计在许多公司、企业、网站和新兴行业越来越受重视，但对于什么是交互设计、交互设计是做什么的还存在很大的误区，这里将从以下几个方面加以说明。作为一个交叉性学科，交互设计与其他学科有着千丝万缕的联系，这一部分我们将在第2章重点讲述。

1. 交互设计不等于用户体验

目前在国内，发布或推广每一款新的产品时，言必称"用户体验""给客户带来全新的用户体验""致力于提供良好的用户体验"等，用户体验（user experience，UE）这个词已经被滥炒到无以复加的程度，某种程度上几乎成了交互设计的代名词，甚至有人认为交互设计的工作就是设计"良好的用户体验"。

首先我们要明白，什么是用户体验。"用户体验（user experience）基于以用户为中心的观点（UCD），强调产品或软件的应用和审美价值，包括印象（感官冲击）、功能、易用性、内容等因素。这些因素相互关联、不可分割，共同形成用户体验"——胡飞《聚焦用户：UCD观念与实务》。由此可见，用户体验主要是用户在使用该产品时的主观感受，这种感受主要通过用户用手去操作、用眼睛去观看、用大脑去思考、用心去感受等，用户体验并不是指产品本身是如何工作的，而是指产品如何和外界联系并发挥作用的，及人们如何接触或者使用它的。交互设计是通过对用户行为进行分析，创建新的用户体验，其目的在于强化和设计新的用户感受及其交互方式，设计出好用易用的产品，给用户带来积极的用户体验，方便用户的日常生活和工作。一个好的交互设计可以给用户带来积极的用户体验，如图1-11所示的第三届小米主题大赛一等奖作品。

图1-11 第三届小米主题大赛一等奖作品

2. 交互设计不等于界面设计

界面设计（interface design）不同于交互设计（interaction design），但当前一些学校和培训机构把交互设计理解为界面设计，这错误地理解了交互的本质。界面设计关注的是界面本身，如界面组件、布局和风格定位以及能否支持有效的交互方式等。界面设计是为交互行为服务的，是交互设计的一部分。交互行为确定对界面的设计要求，而界面上的组件服务于交互行为。进行界面设计时追求布局的合理性、风格的一致性，让用户获得良好的交互体验感受。

在多数情况下界面设计主要分为两个部分：一是硬件层面的人与机器的交互层面上的设计，以工业设计为主；二是软件层面的设计，主要包括软件人机界面设计、网页界面设计、图标设计等，以视觉设计为主。交互设计强调的是设计思维和设计理念，更加注重的是用户与产品之间的交互行为和交互过程，其深度和广度是界面设计所不能比拟的。

交互设计线框流程图如图 1-12 所示。

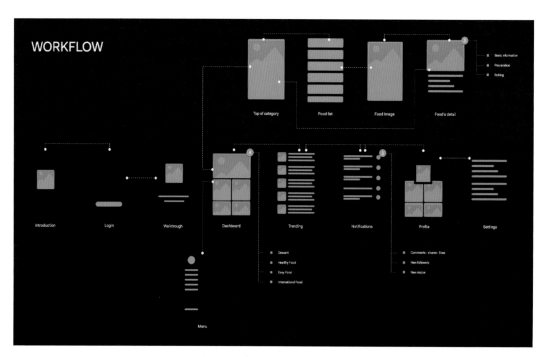

图1-12　交互设计线框流程图

3. 交互设计不等于设计易于使用的产品

在我们的潜意识里，设计就是设计出方便人们使用的产品，使产品能更好、更容易使用。交互设计强调可用性（usability）和易用性（ease to use），这是一个片面的观点。易用性只是交互设计的目标之一，不是交互设计的全部。交互设计是一种如何让产品易用、有效并让人愉悦的技术，它致力于了解目标用户的期望，了解用户在与产品交互时彼此的行为，了解人本身的心理和行为，以及了解各种有效的交互方式，并对它们进行增强和补充。设计师完全有理由去设计一个难用的产品，但他本身所做的工作可能依然是交互设计。比如前文所讲到的火车站自动取票机刷身份证倾斜面平台的设计，从表面上看这给用户带来了不便，实际上却避免了用户因遗忘平台上的身份证而遭受损失，这是为产品的安全性而做的交互设计。另外一个典型例子是电子游戏，它们的操作都相当复杂而且难以使用，然而这正是游戏交互设计师的目标，因为能给玩家带来挑战性的游戏，才会获得玩家的青睐，当玩家掌握的技能不足或具备的条件不够时，他们会焦躁不安，当玩家掌握过多的技能或具备超量的条件时，游戏就变得乏味无聊了，如图 1-13 所示。因此，就交互设计这个定义来说，交互设计只是设计，与易用性无关，设计师应当根据实际的需求决定产品是否易用，而不仅仅是设计易于使用的产品，使易用性成为挂在嘴边的术语。

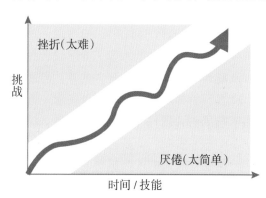

图1-13　米哈里·齐克森米哈里的心流理论图

1.3
交互设计的发展历程

　　交互设计虽然是由 IDEO 创始人比尔·莫格里吉最早命名的，交互设计的思想在很早以前就存在了。例如：在我们中国历史上，守卫长城的士兵在发现敌人入侵的时候燃起长城烽火台（见图 1-14）上的烽火，作为敌人入侵的信号，在那个时代实现了士兵之间远距离的通信交流；凯尔特人和因纽特人将堆砌的石堆，称为"石冢"，并将其作为地界标志，使其成为人类跨越历史长河的交流证据。

图1-14　长城烽火台

　　交互设计被真正作为研究对象应该是在计算机出现之后。交互设计在计算机初期还是一门比较冷门的学科，直到一些新的技术出现，交互设计才真正开辟了属于自己的历史篇章。为了更好地理解交互的概念，把握交互的历史脉络，我们将从在设计中的最早应用开始讲起。

1.3.1　前计算机时代阶段

　　在前计算机时代阶段，设计师追求适合使用，易于使用，良好的控制，持久的材料，手感好，操作效率，精确调整。前计算机时代阶段交互产品如图 1-15 所示。随着时间的推移，这些产品得到了用户的喜爱。

　　在计算机之前，没有"交互设计"，我们所追求的大多数产品的质量是通过产品使用年限来衡量的，使用得越久则质量越好。在这一阶段，产品主要通过下面几点来评判。

图1-15　前计算机时代阶段交互产品

（1）有用。

（2）可用。

（3）令人满意的。

（4）能够负担得起。

（5）复杂程度在承受范围之内。

（6）有一定的风格。

对于这一阶段，总体而言，在使用过程中，能满足人们的需求，且能很好地配合的产品都是比较好的产品。

1.3.2　萌芽阶段（20世纪40年代—20世纪60年代）

在这一阶段出现的计算机 ENIAC（见图 1-16）不能称为设计出来的，应该说是由一群工程师构造出来的。工程师们通过建造更大的机器来获得更快的运算速度，而没有考虑计算机易用性这一因素。为了使用这些机器，人们需要去适应它们，而不是它们来适应人类，这样人类必须说机器能懂的语言，人类被看作是生产系统的组成部分。将内容输入计算机 ENIAC，需要花费好几天的时间来连接各种电线，而将内容输入下一代的

图1-16 世界上第一台通用计算机ENIAC

计算机，需要花费数小时准备供计算机读取内容的穿孔卡片和纸带，当然这些纸片也是界面。

ENIAC，全称为 electronic numerical integrator and computer，即电子数字积分计算机。ENIAC 是世界上第一台通用计算机，也是继 ABC（阿塔纳索夫 – 贝瑞计算机）之后的第二台电子计算机，其基本参数如下。

（1）电子管：18 800 只。

（2）电阻：70 000 个。

（3）电容：10 000 只。

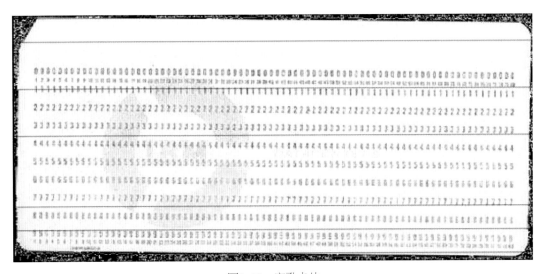

图1-17 穿孔卡片

(4) 续电器：1 500 个。

(5) 耗电：140 kW/h

(6) 占地：170 平方米。

(7) 质量：30 吨。

(8) 速度：5 000 次 / 秒。

穿孔卡片是一种由薄纸板制成，用孔洞位置或其组合表示信息，通过穿孔或轧口方式记录和存储信息的方形卡片。它是手工检索和机械化情报检索系统的重要工具。

1.3.3　初期阶段（20 世纪 60 年代—20 世纪 70 年代）

随着计算机性能越来越强大，20 世纪 60 年代，工程师开始关注使用计算机的人，并且设计新的输入方法和新的机器使用方法。在这一阶段，开始出现控制面板，允许输入比较复杂的数据，但还需要与卡片进行配合来完成任务（批处理）；输入设备也有了很大的改进，GUI 图形界面开始得到应用。

1959 年，美国学者 B.Shackel 发表了人机界面的第一篇文献《关于计算机控制台设计的人机工程学》。

1960 年，LikliderJCK 首次提出 "人际紧密共栖" 的概念，人际紧密共栖被视为人机界面的启蒙观点。

1962 年，麻省理工学院的学生 Steve Russell 和他的几位同学一起设计出了一款双人射击游戏——SpaceWar》。SpaceWar 是世界上第一款真正意义上、可娱乐性质的电子游戏。它比世界上第一款电子游戏 "TENNIS FOR TWO" 晚 4 年出现于计算机上。游戏规则非常简单，它通过阴极射线管显示器来显示画面并模拟了一个包含各种星球的宇宙空间。在这个空间里，重力（引力）、加速度、惯性等物理特性一应俱全，而玩家可以用各种武器击毁对方的太空船，但要避免碰撞星球。

1965 年，美国 DEC 公司研制成功第一台集成电路计算机 PDP-8（见图 1-18），其内部结构在控件中可以被看得一清二楚。PDP-8 是八进制的计算机。

1969 年，召开了第一次人机系统国际大会，同年第一份专业杂志《国际人际研究 UMMS》创刊。

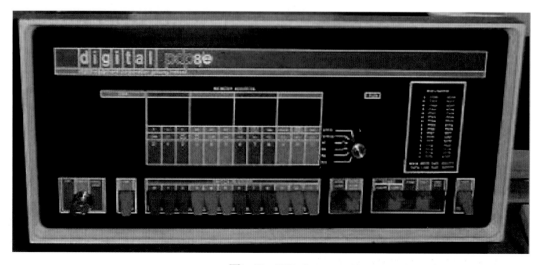

图1-18　PDP-8

1.3.4　奠基阶段（20世纪70年代—20世纪80年代）

这一阶段，人机工程学取得了较大的发展，相关理论为交互设计提供了理论基础。而研究机构的参与促进了商业化的进程，推进了交互设计的发展。这一阶段主要有两大重要事件。

（1）从1970年到1973年，学术界出版了四本与计算机相关的人机工程学专著，为人机交互界面指明了方向。

（2）1970年成立了两个HCI（人机界面）研究中心：一个是英国的Loughboough大学的HUSAT研究中心；另一个是美国Xerox公司的Palo Alto研究中心。

1.3.5　发展阶段（20世纪80年代—20世纪90年代末）

经过了前几个阶段的积累，能处理很多工作任务的个人计算机开始受到重视。个人计算机的流行推动了图形界面（graphic use rinterface），即GUI的发展。真正商业化是从苹果的Lisa（见图1-19）和Macintosh开始的，也包括微软的Windows。GUI的出现使人和计算机之间的交互过程变得简单而又有趣，而这一模式也将成为后来二十多年的交互方式的主流。GUI中最重要的模式是WIMP，即窗口（windows）、图标（icon）、菜单（menu）与指示（pointer）组成的图形界面系统，系统也包括一些其他的元素如栏（bar）、按钮（button）等。开始强调用户在开发过程的重要性。

Macintosh 128K如图1-20所示，1984年的苹果Macintosh广告如图1-21所示。

图1-19　Apple Lisa

Apple Lisa是全球首款同时采用图形用户界面（GUI）和鼠标的个人计算机。Lisa是一款具有划时代意义的计算机，可以说没有Lisa就没有Macintosh（在Mac的开发早期，很多系统软件都是在Lisa上设计的）。它具有16位CPU、鼠标、硬盘，以及支持图形用户界面和多任务的操作系统。

图1-20 Macintosh 128K

Macintosh 128K 是第一台真正意义上的 Mac 电脑，在 1984 年超级碗赛事中的插播广告中首次亮相，令人眼前一亮。它搭载 9 英寸（1 英寸 =2.54 厘米）屏幕、128 KB RAM、3.5 英寸软驱以及 MacOS1.0，突出易用性、消费化理念，使其在消费市场中获得广泛好评，加速了个人计算机发展。

图1-21 1984年的苹果Macintosh广告

在这一阶段，在理论方面，学术界相继出版了 6 本专著，对交互设计最新的研究成果进行了总结。人机交互设计学科形成了自己的理论体系和实践范畴的架构，从人机工程学独立了出来，更加强调认知心理学以及行为学和社会学等学科的理论指导。在实践范畴方面，人机交互设计从人际界面拓延开来，强调计算机对于人的反馈交互作用。"人机界面"一词被"人机交互"取代。HCI 中的"I"，也由 interface（界面 / 接口）变成了 interaction（交互）。

1.3.6 提高拓展阶段（20 世纪 90 年代末至今）

在 20 世纪 90 年代后期，随着高速处理芯片、多媒体技术和 Internet 技术的迅速发展和普及，人机交互的研究重点放在了智能化交互、多模态（多通道）– 多媒体交互、虚拟交互以及人机协同交互等方面，也就是在以人为中心的人机交互技术方面。这是交互设计师前所未有的好时代。相关重点我们将在本书的最后一章节讲述。电影中所见到的交互方式在我们未来的生活中得到应用也不是不可能的。

　　《黑衣人》剧照如图 1-22 所示。

图1-22　《黑衣人3》剧照

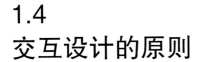
1.4
交互设计的原则

　　交互设计原则用于指导设计决策，贯穿整个设计过程。可以把设计原则理解为设计要求，虽不是解决特定问题的特别良方，但可以作为整个设计的一种通用手段。被称为交互设计之父的阿兰·库珀最为人所熟知的话或许就是"除非有更好的选择，否则就遵从标准"了。在交互设计领域有很多经过了时间的验证的法则定律被认作标准，这里将从以下几个方面简要阐述交互设计原则。

1.4.1　原则一：基于用户的心理模型进行设计

　　基于用户的心理模型进行设计这个原则听起来比较抽象，其实就是我们常说的情感化设计，如果我们将情感化设计进行扩充就是基于用户的心理模型进行设计，而不是基于业务或者工程模型进行设计，更不是基于个人的想法进行设计。它是从用户的角度出发，使产品符合用户的心理习惯。对于完全符合用户的心理模型，普通用户几乎不需要思考就使用。这也是交互设计最主要的作用——Don't make me think。

　　在你退出 QQ 群后，群主和管理员就会知道你已经不在该群里，对于熟人社交，这会让人尴尬。而微信在这一块就做得很不错，微信的很多设计是基于用户的心理模型考虑的，比如退出群聊不会有提示，这个设计就基于了用户的心理，考虑了用户想退出群聊但又怕影响关系的心理，这种设计有效地缓解了用户在这种情况下的社交压力。

从图 1-23（a）我们可以很容易发现，这是一个典型的基于业务的模型，而不是基于用户的心理模型的设计。而图 1-23（b）则是基于用户的心理模型的设计。因为我们在转账的时候已经知道收款人的姓名和卡号，不需要再去做左侧那么复杂的判断。所以好的交互设计应该是不需要用户去思考判断的设计。

图1-23　转账APP截图

1.4.2　原则二：一致性

一致性是产品设计过程中的一个基础原则，它要求在一个（或一类）产品内部在相同或相似的功能、场景上，应尽量使用表现、操作、感受等相一致的设计。一致性的目的是降低用户的学习成本，降低认知的门槛，降低误操作的概率。比如下拉刷新、滑动解锁，这些操作符合用户的操作习惯，极大地降低了用户的学习成本。一致性不仅要体现在用户的交互上，还要从设计风格、版式设计、字体大小及颜色等细节上做到整体统一，这样用户才可以完全熟悉和记住产品的行为习惯，而避免产生不必要的错误和麻烦。

图 1-24 所示为 Adoble 的两款产品 Illustrator 和 Photoshop。除了在产品的基本框架布局上保持了一致性外，在软件的设定和快捷键方面二者也保持了一致性，这样方便了用户在掌握好一个软件的基础上学习另外一个软件。

我们再来看一个同类产品没有保持一致性的例子：电梯。电梯的功能是方便我们到达需要去的楼层，不同类型的电梯功能都是一样的。但不同品牌、不同型号的电梯的操

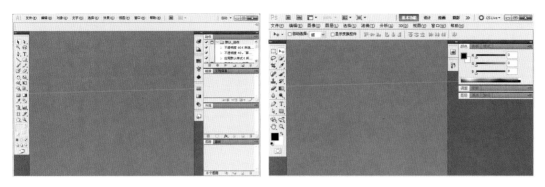

图1-24　Adoble产品 Illustrator和Photoshop

作界面没有一致性，因此电梯按钮的形状、大小、样式完全不一样，每次乘坐新电梯时需要仔细看一遍之后才能学会使用，这就是由于"一致性"做得不好而产生的不够好的用户体验。不同电梯中的操作按钮样式和排布如下图 1-25 所示。

图1-25　不同电梯中的操作按钮样式和排布

1.4.3　原则三：反馈

反馈是指通过向用户提供信息让用户知道某一操作是否已经完成以及操作所产生的结果。反馈必须是即时的，因为延迟的反馈会给用户带来不安。如果反馈的时间太长，用户们就会放弃当前操作，而选择其他的活动来代替。图 1-26 所示是当当网的注册页面，当用户输入邮箱或手机号时，假设该邮箱或手机号已经被注册了，它就会给你一个提示，这时候用户就可能会记起自己曾经注册过该网站，这样用户只需通过"忘记密码功能"就可以取回原来所用的账号。设置登录密码时它会反馈密码的长度不够，并且给予相关的建议。如果反馈及时，就不会到用户输入账号和密码后才告诉用户邮箱已经被注册并需要重新输入一遍。

图1-26　当当网注册页面

1.4.4　原则四：简约

失败的设计将一大堆功能堆放在一起，没有主次，不分先后，而不考虑用户的感受。设计师认为功能越多越好，实际上犯了主观主义的错误，从而导致产品信息架构混乱，功能条理不清，用户体验不好。我们在设计时需要在理解用户需求的基础上，根据用户的操作习惯，明确信息架构。一个简约好用的产品是一个满足了用户特定需求、具有流畅操作、赏心悦目的产品。简约不是追求功能的简单，而是通过设计让产品具有最小的认知和最简单的操作，这才是简约的本质，简约有如下四大策略。

（1）删除——去掉不必要的信息，直到不能再简化。

（2）组织——按照一定的逻辑划分成组。

（3）隐藏——把不是很重要的信息隐藏起来，避免分散用户注意力。

（4）转移——保留最基本的功能，转移其他功能。

1.5
交互设计的目标及意义

交互设计的目的在于通过对人和产品在特定使用环境下的行为研究，为用户设计出一款有用、好用和想用的产品。产品应不仅具有本身的功能并能达到其预定目标，而且还应让用户具有与产品之间的具有情感的体验。

1. 避免理解错误

最终呈现在用户眼前的产品是设计师通过一定的形式符号表达出来的，这个形式符号要想被理解记忆、容易被理解记忆，需要发挥交互设计师的聪明才智。一个好的产品应该使用户能够迅速建立起一个认知模式，能以最小的认知来实现产品的正确操作。产品认知模型如图 1-27 所示。不同的文化背景、风俗习惯、知识结构的用户对事物的认识和理解不一样，因此设计师需要在数据分析和相关研究的基础上做出最适合目标用户的产品。

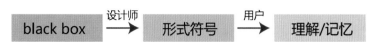

图1-27　产品认知模型

2. 更好的用户体验

设计产品时，设计师需要将关注点转移到理解用户的行为和需求上来，通过对用户的研究发掘潜在需求，从而获得灵感创作出新的交互形式，满足用户的情感体验。产品不应只满足功能的需求，更要追求易用性和情感的满足。

产品需求层次如图 1-28 所示。

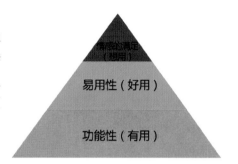

图1-28　产品需求层次

3. 以人为本的设计

交互设计是以人为本的设计，一切从人，从用户的角度出发。"以人为本"不是指通过设计满足用户的所有诉求，而是在以可持续性发展为前提，在良好的人机交互状态下，促进人类之间交流。

01 1.6 推荐阅读

1.6.1　《关键设计报告:改变过去影响未来的交互设计法则》

《关键设计报告：改变过去影响未来的交互设计法则》 封面及作者如图 1-29 所示。

图1-29　《关键设计报告:改变过去影响未来的交互设计法则》封面及作者

［作者］莫格里奇（Bill Moggridge）。

［出版社］中信出版社。

［内容简介］本书讲述了交互设计所有最基本的东西：交互设计的发展历史和由来，交互设计领域里的关键人物，交互设计的基本原则和方法，交互设计的著名案例。尤其有价值的是在第十章里面介绍了 IDEO 公司的创新方法卡片和进行交互设计的过程。

1.6.2 《情感化设计》《设计心理学》

《情感化设计》《设计心理学》封面及作者如图 1-30 所示。

图1-30 《情感化设计》《设计心理学》封面及作者

1. 《情感化设计》

［作者］唐纳德.A.诺曼。

［出版社］电子工业出版社。

［内容简介］本书以独特细腻、轻松诙谐的笔法，以本能、行为和反思这三个设计的不同维度为基础，阐述了情感在设计中所处的重要地位与作用，深入地分析了如何将情感效果融入产品的设计中，可解决长期以来困扰设计工作人员的问题——物品的可用性与美感之间的矛盾。

2. 《设计心理学》

［作者］唐纳德.A.诺曼。

［出版社］中信出版社。

［内容简介］诺曼博士用诙谐的语言讲述了许多我们日常生活中常常会遇到的挫折和危险，帮我们找到了这些问题的关键，即产品设计忽略了使用者在一定情境中的真实需求，甚至违背了认知学原理。诺曼博士本书中强调以使用者为中心的设计哲学，提醒消费者在挑选的物品，必须要方便好用，易于理解，希望设计师在注重设计美感的同时，不要忽略设计的一些必要因素，因为对于产品设计来说，安全好用永远是竞争的关键。

课程作业

1. 从我们现实生活中选择 4 个银行，分析用 ATM 机取款的过程，然后设计一套符合产品交互行为的心目中理想的取款流程。

2. 分别寻找我们日常生活中 5 种好的和不好的交互设计产品，分析其好在哪里，不好在哪里，并提出可能的解决方案。

第 2 章

交互设计
与周边科学

自比尔·莫格里奇于 20 世纪 80 年代提出交互设计这个概念以来，作为一个正式的学科范畴，它的历史才几十年。科学技术的发展已经改变了人和产品之间的交互方式，在信息时代交互产品的设计不再是一个以造型为主的设计活动，不只是设计出精美好看或实用的产品，产品在使用中的过程成为更应该被关注的重点。交互设计是解决如何使用交互式产品的学科，其任务是设定用户的使用行为，并通过规划信息的内容、结构和呈现方式来引导用户的使用。具体来说，交互设计就是通过对用户的行为研究来创造出新的用户体验，目的在于增强和方便用户的工作、生活及交互方式或交互空间。

交互设计是归属于设计学科下的一个分支，同时是多学科交叉性学科。广义上的交互设计是指"所有与数字和交互相关的产品设计"。它涵盖了数字技术的交互设计，涉及计算机、芯片嵌入式产品、环境、服务或互联网等。交互设计所涉及的领域包括用户体验设计（user experience design）、工业设计（industrial design）、界面设计（user interface design）、人机交互（human computer interaction）、认知心理学（cognitive psychology）、信息设计（information design）等，具体如图 2-1 所示。我们从图中可以发现大多数学科都相互交叉形成重叠关系。

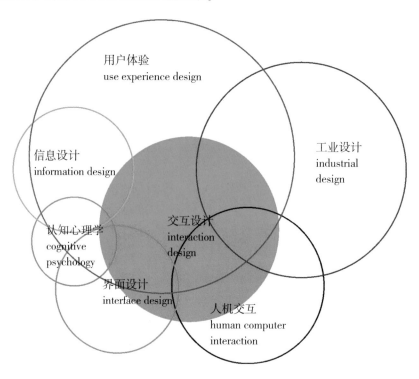

图2-1　交互设计与其他学科的关系

2.1
交互设计与用户体验设计

随着交互设计的发展，交互设计的内容逐渐地丰富起来，用户体验设计就是在这一新的情况下产生的。用户体验设计是以提供良好体验为目的的系统设计。用户体验设计强调灵活运用以用户为中心的设计方法，注重情境因素对用户心理的影响，通过过程管理的技巧和手段为特定的用户提供良好的体验。我们从上图可以发现用户体验设计涉及体验的各个方面，包括工业设计、界面设计、人机交互等中一切与用户、产品、设计、信息相关的活动。

　　用户体验设计是一种创新的设计方法，建立在以用户对产品体验的心理感受基础上，抛弃了传统的"形式追随功能"的设计原则。如一般按键式输入键盘，在设计中会需要改变外观的造型去配合原先结构，而通过创新的触碰式输入方法则可以给用户带来新的使用感受。体验是一个从过程中获得整体的、主观的感受。例如在参观博物馆的过程中，参观者本身的经验和知识水平、学习方式，身边的朋友、家人和其他游客的情绪，博物馆的展示方式、建筑布局、展品设计以及参观的时间、温度、天气等因素，都会对用户的体验产生影响。单独强调某一个元素对于参观者来说没有太大的意义。如果从体验的角度来分析，展陈的设计、展品的设计、交互的设计、环境的设计、建筑的设计、导视的设计、安全设施的设计、流程的设计，甚至是参观前后的信息设计都可以被包含在为体验而设计的概念之下，这种系统的视角更利于为用户创造一个完整的、合理的并且吸引人的体验过程。

　　基于用户体验设计的苏州博物馆如图2-2所示。

图2-2　基于用户体验设计的苏州博物馆

　　用户体验设计对产品的关注点不再是功能的实现和需求的满足，而是转向用户对产品的体验感受，发生了由产品功能目标的实现（低层次）到对产品感到满足（中层次）再到由产品良好使用体验而产生的惊喜（高层次）的转变。用户体验设计的重点是体验的过程，而不是最终的结果。例如我们在网上购买东西时需要我们注册和输入各种复杂的验证码，虽然最后我们能达成目的，但所体验的过程让人不那么愉快。

　　体验设计可以给用户带来全新的体验感受。如2006年5月，苹果公司和耐克公司合作推出了一种Nike+iPod的使用模式（见图2-3）。这种将运动与音乐完美结合的模式为人们带来全新的体验，是产品设计、交互设计和服饰设计完美结合的典范。

图2-3　Nike+iPod

2.2
交互设计与工业设计

　　首先我们要明白工业设计是什么，工业设计是一门强调技术与艺术相结合的学科，它是现代科学技术与现代文化艺术融合的产物。它不仅研究产品的实用性能，而且研究产品的形态美学问题和产品所引起的环境效应。

　　工业设计的目的是满足人们生理与心理双方面的需求，工业产品满足人们生产和生活的需要并为现代人服务。它要满足现代人们的要求，首先它要满足人们的生理需要。如一个杯子必须能用于喝水、一支钢笔必须能用来写字、一辆自行车必须能代步，一辆卡车必须能载物等。工业设计的第一个目的，就是通过对产品的合理规划，使人们能更方便地使用它们，使其更好地发挥效力。在研究产品性能的基础上，工业设计还通过合理的造型手段，使产品能够具备富有时代精神、符合产品性能、与环境协调的产品形态，使人们得到美的享受，如图2-4所示的折纸台灯。

图2-4　红点至尊奖——折纸台灯（2014年）

　　相较于工业设计而言，交互设计主要是针对设计人造系统的行为的设计领域，它定义了两个或多个互动的个体之间交流的内容和结构，使之互相配合，共同达成某种目的。交互设计努力去创造和建立的是人与产品及服务之间有意义的关系，以"在充满社会复杂性的物质世界中嵌入信息技术"为中心。交互系统设计的目标可以从"可用性"和"用户体验"两个层面上进行分析，它关注以人为本的用户需求。

　　在一个时间段里，交互设计和工业设计基本上处于分开独立工作的状态：屏幕以外的部分归交互设计，屏幕以内的部分归工业设计。但随着技术的进步，尤其是智能硬件的快速发展，硬件和软件之间的界限正在变得越来越模糊，这也促使了交互设计和工业设计的界线变得越来越模糊，学科之间不断地融合交融。如图2-5所示，B&O A9音箱在它的表面是看不到音量键的。调节音量时，只需要在音箱的上边缘来回滑动即可，因为它可以识别用户的触摸和滑动，然后系统对用户的物理动作做出反应。又比如Apple Watch，抬起手看表，屏幕就会自动点亮，这是由于它感知到了用户的动作和姿势，然后系统对这样的动作进行了贴心的反馈。

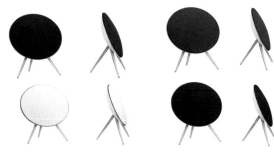

图 2-5　B&O A9音箱

　　从上面案例中可以看出，交互设计和工业设计是互为关联、紧密联系在一起的，既有不同又有联系。交互设计不会脱离工业设计的客观主体而单独存在；同时交互设计又会反作用于工业设计。这都是为了解决一些设计上的难题，为用户提供更好的产品体验。在设计的过程中，其目的都是为了更好地满足人的需求。所以，从这一点上，两者是有着共同的设计思路的，同时也是相通的。

2.3
交互设计与界面设计

　　界面设计是人与机器之间传递和交换信息的媒介，界面是机器中的一部分，通过界面用户可以得知机器的工作状态并能对机器进行控制，获取机器对操作的反馈。界面包括硬件界面和软体界面，即实体界面和图形界面。图 2-6 所示的插座，它改变了常规插座界面的面板，设计了一个 160° 角的斜面，这样插头可成角度使用，在不增加方形尺寸的基础上提升了使用率，解决了双口和三口一体插座通常只能高效利用其中一个，另一个则因为受插座的尺寸限制而被"排挤"在外的问题。通过这个实例我们可以清楚地了解到，用户界面不仅仅是我们所"约定俗成"的计算机屏幕界面，还包括工业产品的实体操作界面。

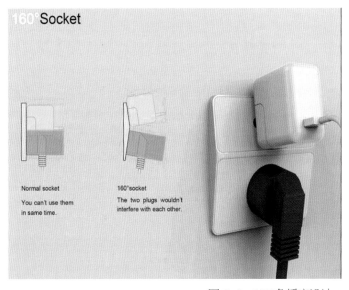

图 2-6　160°角插座设计

　　一款好的界面设计可以体现出产品的品位和个性，并且让产品的操作变得舒适、简单，如图 2-7 所示。界面设计的目标是让用户尽可能地与产品进行简单、高效、友好的交互。在进行界面设计的时候，设计师关心的是界面本身，界面的组件、布局、风格、配色等，确保界面能有效地体现出交互设计设定的交互行为，更好地支撑起有效的交互。但是，交互设计先于界面设计，是界面设计的源头，产品的交互行为被确定后，对界面的要求也就确定下来了。整个界面的部件都是要为交互行为服务的，外观和形态可以更漂亮、精细、更艺术化，但不能为了任何理由破坏产品的交互行为。

图 2-7　智能电视界面

　　在现实中，很多人把界面设计（user interface design）理解为交互设计（interaction design），这其实是不准确的。交互设计的着重点在于用户和产品之间使用行为层面的交互方式，而界面设计则偏重于静态视觉上的，体现交互设计的表现形式。在产品交互过程中，交互设计关系到用户界面的外观和行为，不受产品的限制和约束。界面设计师需要对交互设计这一领域有一定的研究。在界面设计过程中，设计师必须考虑用户，从用户的角度出发。做用户分析是第一步，了解用户的使用习惯、技能水平、文化层次和经验，以便预测不同类别的用户对界面有什么不同的需要与反应，为交互系统的分析设计提供依据和参考，使设计出的交互系统更适合各类用户使用。

　　界面设计的目的是实现自然的交互功能，消除各种干扰信息，其中包括消除界面本身对人的干扰，从而将人们的注意力集中在任务本身。虽然这是一种理想状态，但这是走向自然的交互体验环境所必须要解决的目标。当前的界面设计基本上还是基于显示屏上的设计，因为我们与计算机以及互联网之间的交互都是在显示屏上进行的，从长远来看，基于屏幕显示器的界面将会消失，因为计算变得无所不在，不可见的交互也无处不在。这就像我们时刻呼吸着的氧气一样，我们看不见却可以体验到。而这也是未来界面和交互设计发展的方向。图 2-8 中，Leap Motion 公司的手势感应控制器就是这类设备，将手势感应控制器连上计算机后，用户就可以通过各种手势隔空操作计算机。

图2-8　Leap Motion公司的手势感应控制器

2.4
交互设计与人机交互

　　人机交互（human computer interaction，HCI）是指人与计算机之间使用某种对话语言，以一定的交互方式，完成确定任务的人与计算机之间的信息交换的过程。人机交互领域的研究最早出现在 20 世纪 80 年代，作为一个学术领域，它包含多个学科，如计算机、心理学、社会学等，因此也可以把它看作是计算机学科的一个分支学科。由于计算机技术是信息化产品的基础技术，因此，人机交互的模式往往对人与产品交互的模式有着决定性的影响，人机交互的研究成果对人与产品交互的研究也有着重要的参考意义。

　　人机交互和交互设计是紧密相连、互相影响的。人机交互作为计算机学科的一个分支，属于学术领域，因此需要进行具有一定普适性的技术和对人的研究，关注点主要集中在为人类提供可以用以互动式的计算机系统，如计算机系统的设计、评估和建设。人机交互更多地关注实现层面，利用技术让计算机服务用户。交互设计作为一种实践方法，是为了解决用户在使用产品的场景下所遇到的现实问题。交互设计的主要目的是通过设计使现实模型的表达方式更适应用户的心理模型，从而使产品可以使用、易于使用，使人机交互发挥最大的价值。

　　对于多点触摸技术（见图 2-9）我们在第 8 章再作详细的介绍，这种技术是人机交互研究的一个重要成果，它包含了软件的计算方法和硬件设备的开发以及软件和硬件技术整合的过程，还有对用户手势规则的定义。而交互设计，可能是通过设计一款 APP，给出一定的流程和对特定手势的反馈，以及实现这些功能的顺序和需要什么样的条件。

图2-9　多点触摸技术

图2-10　Door Hand-le门把手

人机交互对系统与用户之间的交互关系进行研究，系统可以是各种各样的机器，也可以是计算机化的系统和软件，随着其概念不断延展，甚至还包括人造物品。如图2-10所示，这款被称为 Door Hand-le 的门把手是由一名英国设计师设计的，该门把手完全按照人手比例设计，看起来有趣、亲切，让你开关门犹如在握手，但该设计实际上是个非常不人性化的设计，我们在使用的时候根本不知道该如何去打开该扇门，到底是去用力握还是旋转。美国心理学家唐纳德.A.诺曼将那些让人不知道是推还是拉才能打开的门，称为诺曼门。因此，人机交互不仅仅是基于屏幕的交互，还涵盖实体物品的人机交互。

2.5
交互设计与信息设计

信息设计（information design）的概念最初来自于传统的平面设计领域。它强调的是从信息传达的角度来研究视觉图形的呈现形式。其设计过程包括收集信息、分析整理信息、呈现信息、目的在于把混乱的信息进行条理化，使信息变得有条不紊，帮助用户快捷地理解信息背后的规律和内容。因此我们可以说，进行有效能的信息传递是信息设计的主旨。图2-11所示为拿破仑远征莫斯科的战败统计图。

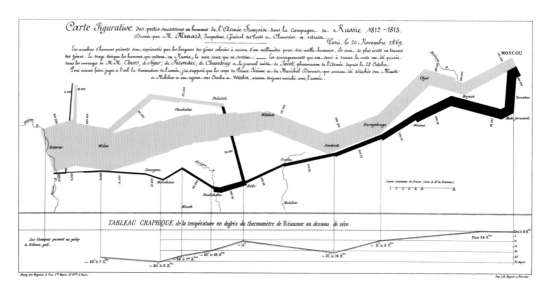

图 2-11　拿破仑远征莫斯科的成败统计图（1861年）

图2-11中，浅黄色条带为从1812年6月23日拿破仑主力军队穿过涅曼河到9月14日占领莫斯科期间的行军路线。带宽与军队规模（从422 000人减少到100 000人）成比例；黑色条带显示从10月末开始撤退到12月26日，10 000名幸存者逃过涅曼

河的军队规模；底端的图要从右向左读，其中显示了撤退期间遇到的低温天气及其日期。

作为设计学科，信息设计研究的是如何呈现信息，以便于用户即信息的接收者有效地理解所要表达的信息。也就是说，有效呈现信息内容的方式以及利于信息传达的优美、简洁的信息环境是信息设计研究的首要内容。例如，在进行网页的设计过程中，信息设计需要解决的问题，包括网站内容的分类和组织框架、网页的布局和层级关系等。页面中的图形和颜色等元素的选择不仅体现页面品质，而且是页面可用性、信息明确性的基本保障。更为重要的是，随着计算机的普及、网络技术的发展，交互设计的交互方式给信息设计带来了新的内容和展现形式，这将促使信息设计进一步发展、取得更大成就。

网站信息框架图如图 2-12 所示。

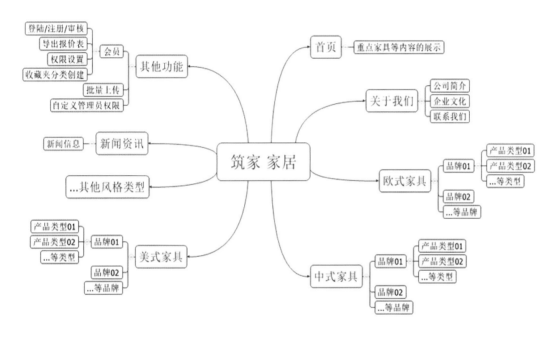

图 2-12　网站信息框架图

尽管交互设计与信息设计的学科基础和发展过程不尽相同，但在信息技术快速发展的强大背景下，两个领域都在不断发展。均作为交叉性学科，交互设计和信息设计之间存在着很多交汇的地方。就设计目标来说，信息设计和交互设计都是要发挥信息技术的优势，创作出一个具有良好的方便的生活秩序，更好地为用户服务。

从学科的角度而言，信息的传达是交互设计的重要内容之一，但是过于强调信息传达，不能从一个完整的行为过程进行交互设计的实践必然是不成功的。反之，只强调行为的过程，而忽略对信息表达的分析也难以得到好的效果；对于信息设计来说，信息传播的媒介和方式对信息呈现形式有着决定性的影响，应当成为信息设计研究的重要部分。信息与交互既是分别根植于信息设计和交互设计的研究对象，也是随着信息技术不断发展的设计研究内容。因此，以交叉研究的视野对两者进行整合研究，符合设计实践的需求，也必然推动信息时代设计研究的发展。

2.6
交互设计与认知心理学

好的交互设计，是符合人的使用习惯、尊重人的价值的设计。在设计过程中，为了设计出好的交互，设计师需要去理解和考虑人的行为因素，分析这些因素之间的关系，在这些因素的基础上进行设计，从而创造出适合用户的、切合用户行为的设计。心理学是研究人的心理和行为的一门学科，所以在交互设计过程中，利用心理学科的相关知识，以科学的方法去分析人的行为，对设计具有特别重要的帮助。

从学科类型来看，认知心理学属于理论型学科，交互设计属于实践型学科。理论性的研究可以为交互设计提供一些设计原则或方法，如心理模型（mental model）、感知 /映射（mapping）、隐喻（metaphor）以及可操作暗示（affordance）等。如图 2-13 所示，苹果 iMac 数据备份及恢复软件 Time Machine 界面采用深邃的星空、三维的时间轴，让用户能够自然地联想到这个软件能方便快捷地进行备份或恢复数据，从而达到用户对软件的预期效果。这也是一种更为人性化的操作方式，在 Time Machine 窗口内，下面时间条显示当前页面的所在时间，可以通过前进和后退选择曾经备份过的日期及时间，如同踏上时空穿梭之旅。同时也可以通过右边的备份时间条进行查看。

图 2-13　苹果 iMac数据备份及恢复软件Time Machine界面

从某种意义上来说，所有的设计都是研究交互的设计，所有的设计都是研究体验的设计，所有的设计都是提供服务的设计。从事每一个设计领域的人都需要具有开放的心态和灵活的视角。最核心的设计问题始终是，怎样为人而设计，怎样满足人们物质的和精神的需求，并不断地促进人类的发展。

2.7
推荐阅读

1. 《用户体验要素:以用户为中心的产品设计》

《用户体验要素:以用户为中心的产品设计》 封面及本书作者如图 2-14 所示。

图2-14　《用户体验要素:以用户为中心的产品设计》封面及本书作者

［作者］ Jesse James Garrett。

［出版社］ 机械工业出版社。

［内容简介］ 本书用简洁的语言系统地诠释了设计、技术和商业融合是最重要的发展趋势，用清晰的说明和生动的图形分析了以用户为中心的设计方法（UCD）。内容包括关于用户体验以及为什么它如此重要、认识这些要素、战略层、范围层、结构层、框架层、表现层等要素的应用。

2. 《信息设计》

《信息设计》 封面如图 2-15 所示

［作者］ 简·维索基·欧格雷迪。

［出版社］ 凤凰出版传媒集团，译林出版社。

［内容简介］ 《信息设计》 以一种极具启发性的方式展示了一系列振奋人心的设计作品，表现了形式与功能的完美均衡，切实而深入地探讨了对于信息的组织与视觉呈现。针对各种需求——无论是为了引导用户浏览文件、帮助他们规划自己的生活，还是在自然环境中为他们指明方向，《信息设计》 满载着最为精华的"设计原则"与解答问题的"小贴士"，给你带来了所有能够创造出有效信息图形的钥匙。同时，这本书也着眼于如何将各种不同类型的信息设计融入整体设计方案之中，无论是为交通

图2-15　《信息设计》封面

运输网、公用事业机构进行整体设计，还是为零售企业进行整体设计。

3. 《设计师要懂心理学》

《设计师要懂心理学》封面及本书作者如图 2-16 所示。

图2-16　《设计师要懂心理学》封面及本书作者

[作者]［美］Susan Weinschenk。

[出版社] 人民邮电出版社。

[内容简介] 本书内容实用，示例清晰，以创造美观实用的设计为宗旨，讨论了设计师必须了解的 100 个心理学问题，每个问题都配以权威经典的示例，并给出即学即用的设计建议，篇幅简短，让你轻松理解设计背后的心理学动机、拓展视野、创新思维，为你的设计打造全新用户体验。

课程作业

通过分析生活中的一个实际案例中所含有的学科知识点，阐释交互设计是一门交叉性学科。

第 **3** 章

交互设计方法

交互设计是一门新兴起来的年轻学科，人们需要在实践过程中总结经验，同时通过理论研究，促使它完善、进步。因此作为一门设计学科，它需要具有科学的方法作指导，使交互更为成功。交互设计方法是通过实践经验总结出来的，是一种很好解决问题的途径。方法虽多，但这些方法并不是绝对的、固定不变的。随着技术发展和时代进步，解决问题的方法和手段会出现不同的发展趋势。在交互设计领域中，设计方法具有不同的学派观点和词义解析，目前大概可以分为五种设计方法：以用户为中心的设计（UCD）、以活动为中心的设计（ACD）、以目标为导向的设计（GDD）、传统软件系统设计方法（SD）和依赖设计师智慧的天才设计（GD）方法。

上面所说五种设计方法可以在不同的状态和情形使用，并且可以相互借鉴、融合而产生新的更好的解决方案。大多数情况下只使用一种方法就可以使问题得到解决，但也可以从一种方法转移到另一种方法上去寻找突破，从而使设计更好。当然，不同的交互设计师在日常工作中使用的方法论有所侧重，这些方法论没有什么好坏的区分，关键在于能不能发挥其功效，只要符合项目实际需要，就是不错的方法，学习这些方法也是为了灵活地运用它们。

3.1
以用户为中心的设计

3.1.1　概述

以用户为中心的设计（user centered design，UCD）是指在设计过程中，设计师必须以用户体验为中心，强调用户优先的设计模式。简单地说，就是在进行产品设计、开发、维护时，从用户的需求和用户的感受出发，而不是让用户去适应产品。其核心思想理念是，用户最清楚他们需要的是什么样的产品或服务。用户了解他们的需求和偏好，设计师根据用户的需求和偏好进行设计。因为设计师本身并不能代替用户，用户的参与是为了更好地帮助用户实现目标。Dan Saffer 在《交互设计指南》里指出，以用户为中心的设计背后的哲学就是，用户知道什么最好，使用产品的人知道自己的需求、目标和偏好，设计师需要发现这些因素并为其设计。因此，某些设计可以看作是用户和设计师的共同创造。

以用户为中心的设计理念源自于第二次世界大战后的工业设计和人体工程学的兴起，它们的兴起使得"以人为本"的设计思想被广泛应用。作为第一代工业设计师——亨利·德雷夫斯（Henry Dreyfuss，1903—1972）是"以人为本"设计思想的典型代表人物，1955 年他的《为人的设计》一书中开创了基于人机工程学的设计理念，推行了以用户为中心的设计方法。1961 年他出版了著作《人体度量》一书，为设计界奠定了人体工程学这门学科，亨利·德雷夫斯成为最早把人体工程学系统运用在设计过程中的设计家，对这门学科的进一步发展起到积极推动作用。美国著名认知心理学家、计算机工程师、工业设计家唐纳德.A.诺曼 1988 年在《设计心理学》一书里完整系统地提出了UCD（user-centered design）概念，即现在经常可以听到的以用户为中心的设计。

以用户为中心设计已经经历了近三十年的演变和发展，ISO 国际标准化组织在 1999 年颁布了关于以人为中心的交互系统设计过程（human-centred design processes for interactive systems）的标准。该标准明确了以用户为中心的科学行业定义和指导说明标准。

亨利·德雷夫斯和人机工程学如图 3-1 所示。

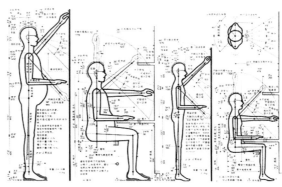

图 3-1　亨利·德雷夫斯和人机工程学

3.1.2　了解用户

在交互设计或人机交互领域里"了解你的用户"这一原理是备受推崇的。因为设计师只有对用户进行了深入了解后，才能够为他们设计合理的产品。设计师忽略设计所为之服务的用户将是一件很危险的事情，设计出来的作品也必将非常糟糕的。以用户为中心的设计是为克服软件产品中的拙劣设计而发展起来的。通过考虑那些将要使用软件的人们的需求和能力，软件产品的可用性和可理解性确实得到了提高。

以用户为中心的设计要求设计师必须深入了解用户要求实现的最终目标，在理想的状态下用户参与设计过程的每一个阶段。在项目开始时，设计师需要分析产品对用户需求的满足情况及产品是否具有价值。在其后的产品设计和开发过程中，对用户的研究和相关数据分析应该当作各种决策的依据。用户对产品的反馈应该成为对产品各个阶段的评估信息。同时用户可以和设计师一起参与设计原型的测试，分析其中存在的问题和提出改进措施。

1. 用户的组成

从一定程度上说，用户是使用产品或被服务的人，我们可以从以下两个方面对用户进行了解。

1）用户是产品的使用者或服务的享受者

产品的使用者可能是当前忠实用户，也可能是即将流失的用户，或者是有待开发的潜在用户。这些使用者在使用产品过程中的行为会与产品特征紧密联系。例如，对于目标产品的认知、期待目标产品能完成的功能、使用目标产品需要的基本技能、未来使用目标产品的时间和频率等。

2）设计师也是用户

设计师本身并不能代替用户，但可以作为用户来参与设计。因为无论设计师对产品有什么样的定位，也不管设计师与普通的用户在文化层次和使用经验存在多大差异，设计师首先是产品的使用者，其次才是产品的设计者。在进行设计的过程中，设计师需要以一个真实的用户身份参与其中，不得在设计中将自身的喜好转移到产品的研发中。

2. 用户的分类

人是一个复杂的综合体，用户的行为更复杂，每个用户的行为特点是不一样的。一款成功的产品并不需要满足所有用户的需求，也不可能满足，因此需要明确针对某一类用户并且很好地满足此类用户的需求。针对哪一类用户是设计师需要考虑的，因此设计师需要进行用户分类。不对用户进行分类，产品就不能定位，好的用户分类可以让设计师知道产品适合哪些人，能够满足哪些用户。

在实际情况中，用户的特征信息有很多，用户间任何一个特征因素不同都会导致不同用户使用某个产品的行为习惯不同。在此基础上，可以将用户分为以下四大类。

1）种子用户

种子用户能够凭借自己的影响力吸引更多目标用户，是有利于培养产品氛围的第一批用户。第一，种子用户不等于初始用户。种子用户有选择标准，尽量选择影响力大、活跃度高的用户作为产品使用者。优秀的种子用户不仅会经常使用产品，而且活跃于产品社区，经常发表言论，带动其他用户讨论和互动。第二，种子用户能够为产品开发者提供中肯的意见和建议，帮助产品不断提升性能和完善功能。具有主人翁精神的用户，是最好的种子用户。

2）普通用户

普通用户是维持产品基数的用户，当产品发布后，普通用户会逐步地加入，人数也会逐渐增多。普通用户加入进来，是因为这里有归属感，有他们想获取的资讯、知识等。普通用户不会带来大的经济利益，但对产品的推广和提升影响力具有较大作用。

3）核心用户

核心用户可以给产品带来资源（资源涉及很多方面，比如内容、产品创意、技术难题等），是产品的经济的主要来源，贡献现金流。同时核心用户还能够传播产品，给产品带来更多直接或者间接用户的支持者。因此可以说，核心用户能帮助产品发展壮大、为开发者创造价值。

4）捣蛋用户

这类用户是产品的使用者，但对产品不满意，对服务提供商来说不会产生任何价值和利润，反倒以用户之名提出各种各样的无理要求，得不到满足就抱怨，误导其他用户，对产品产生负面影响。这在设计开发中需要避免。

3.1.3　以用户为中心的设计的流程

不同产品的设计开发过程是不同的，有其自身的特殊性。设计活动是设计流程的基本元素。以用户为中心的设计的流程很多，但不同的设计流程其核心理念是类似的，只不过是抽象层次不一样。这里以图 3-2 所示的设计流程图来对流程进行说明。此流程分为三大阶段，即策略和用户分析、设计和评估、实施和评估。

1. 策略和用户分析

这一阶段决定了产品的设计方向和预期目标。首先，需要明确产品的目的是什么，可以解决什么问题，或带来什么样的使用价值。其次，确定产品的目标用户，即用户是谁，典型使用场景是什么，目前存在哪些问题和机会。用户研究是关于用户需求的数据

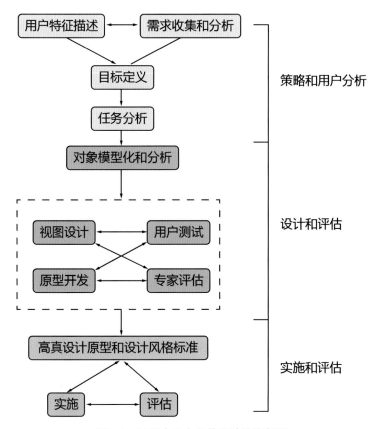

图3-2　以用户为中心的设计的流程图

和信息的来源。再次，定义用户特征，目标用户区别于一般人群的具体特征，例如，特定年龄阶段，特殊的文化背景和生活习惯人生价值等。最后，做需求收集和需求分析，目的在于确定目标用户对产品的各个方面的期望值。例如，希望使用的功能、操作方式、达到的目标指数等。目标特征描述和需求收集及分析是 UCD 设计过程的基础和依据。

1）目标定义

经过全面地分析用户和需求，必须根据企业、产品的自身条件（商业需求、技术限制等）及市场对产品的供应关系等，将项目的应用范围加以明确化，使产品目标变得更可视、更明确。

2）任务分析

采用系统的用户研究方法，深入理解用户最为习惯和自然的完成任务（操作）的行为方式，其数据依赖于用户研究。用户研究的方法包括用户访谈、问卷调查、用户测试等。

2. 设计和评估

1）对象模型化和评估

经过在前一阶段对产品和用户进行分析调研之后，在这一阶段通过建立用户模型进行设计的第一步。用户模型来自用户关于某一产品的认知，是产品概念的设计核心，用户模型的实质是解决产品设计过程中"是什么"（概念模型）和"怎么做"（过程模型）这一问题的知识集合。对象模型化是将所有策略和用户分析的结果按讨论的对象进行分类整理，以各种图示的方法描述其属性、行为和关系。

2）视图设计

从大的方向可以将视图设计分为交互设计和视觉设计。

交互设计包括页面框架设计、操作流程设计、信息内容设计、交互方式设计、信息架构设计。

视觉设计包括界面风格设计、视觉元素设计（包括 icon、button、边框、用户控件、窗口规范、图形化的布局等）。

3）原型开发

建立原型主要是为了解决在产品开发的早期阶段不确定的问题，利用这些不确定性判断系统中哪一部分需要建立原型和希望从用户对原型的评价中获得什么。原型使想象更具体化，有助于说明和纠正这些不确定性，总的来说通过原型可以有效地降低项目风险。

4）用户测试

将产品的设计界面原型展现给目标用户，通过用户模拟使用时所产生的问题或对产品的建议，得到用户的反馈数据。让用户去感受产品界面是否新颖（吸引用户眼球、让其眼前一亮）、操作是否流畅、功能是否达到用户使用要求等。进行用户测试的优点是，直接发现用户使用过程中出现的可用性问题；进行用户测试的缺点是，成本高，时间长。

5）专家评估

邀请在人机界面设计、系统功能、可用性研究等方面杰出的专家对产品进行分析和评价，得到存在的不足和改进措施。进行专家评估的优点是，容易管理，耗时短，能发现更专业、更深层次的问题；进行专家评估的缺点是，专家不是用户，要考究专家小组构成的合理性，因为专家对问题具有一定的主观倾向性。

3. 实施和评估

产品设计完成并投放到市场后，开始接受市场的检验，但此时不是以用户为中心的设计的过程的终结，仍需要对产品进行跟踪。可以设立电话热线，方便用户对产品存在的问题进行反馈，便于下一次产品更新换代时改进。在这个阶段，可用性测试以及用户调查表调查尤其有效。市场上用户对产品的看法和反馈成为产品迭代的参考数据，因此需要做好相关的数据分析和资料整理，可为下一次设计出更好的产品提供帮助。

3.1.4 以用户为中心的设计中的常用方法

目前常用的 UCD 的 6 种方法如表 3-1 所示，包括：焦点小组座谈、可用性测试、卡片分类法、参与式设计、问卷调查、访谈。

表3-1 常用的UCD的6种方法

方　　法	成　　本	研究类型	样本大小	何时使用
焦点小组座谈	低	定性	低	需求采集
可用性测试	高	定量和定性	低	设计和评价
卡片分类法	高	定量	高	设计
参与式设计	低	定性	低	设计
问卷调查	低	定量	高	需求采集和评价
访谈法	高	定量	低	需求采集和评价

1. 焦点小组座谈

焦点小组（focus group）座谈是由一个经过训练的主持人以一种无结构的自然的形

式与一个小组的被调查者交谈，从而获取对一些有关问题的深入了解。主持人负责组织讨论。焦点小组座谈的主要目的是，通过倾听一组从调研者所要研究的目标市场中选择来的被调查者，从而获取对一些有关问题的深入了解。这种方法的价值在于常常可以从自由进行的小组讨论中得到一些意想不到的发现。这种方法可以让设计师更了解用户的理解、想法、态度和想要什么。

图3-3　焦点小组座谈

焦点小组座谈如图 3-3 所示。

2. 可用性测试

可用性测试（usability testing），也被称为使用性测试、易用性测试等，是用户体验研究中最常用的一个研究方法。可用性测试是提供产品供代表性的用户进行典型操作，观察用户使用产品的行为过程，关注用户与产品的交互。它更偏重于行为观察的研究。产品可以是一个网站、软件或其他任何产品。可用性测试可以是最早期的低保真原型测试，也可以是后期最终产品的测试。

可用性测试的流程如图 3-4 所示。

图3-4　可用性测试的流程

（1）资源准备：环境、设备条件、记录文档、测试人员。

（2）任务设计：从测试的目的出发，围绕用户使用目标产品时创建使用情景和相关任务。

（3）用户招募：理想的测试者是我们的目标用户，所以可用性测试要努力寻找目标用户作为测试人员。

（4）测试执行：预测试 + 正式测试 + 每次测试后及时总结。

（5）报告呈现：界定问题、区分问题优先级，将有联系的问题综合在一起，分析问题背后的原因和可以解决的方案。

3. 卡片分类法

卡片分类法（card sorting），是一种规划和设计互联网产品或者软件产品的信息构架的方法。它常用于进行导航或者信息架构方面的项目。卡片分类的主要目的是对项目进行逻辑归类。

卡片分类法示例如图 3-5 所示。

4. 参与式设计

用户参与式设计（participatory design，PD），倡导的是让用户深入地融入设计过程中，培养用户的主人翁意识，激发并调动他们的积极性和主动性。"参与式设计"这个概念最早是起源于 20 世纪 60 年代的北欧国家，最初的含义与"设计"的关系很小，更多是强调参与性，即管理者接受公众的观点，将公众的声音加入决策制订过程中。

之后参与式设计的概念发生了变化，它更多地被应用于城市设计、景观设计、建筑设计、软件开发、产品开发等领域，指在创新过程的不同阶段，所有利益方被邀请与设

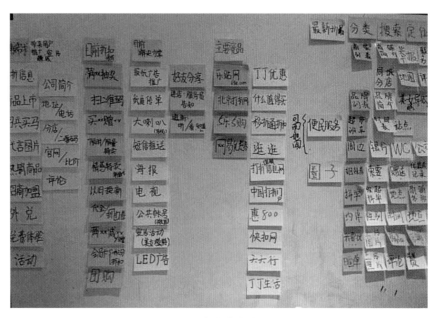

图 3-5　卡片分类法示例

计师、研究者、开发者合作，共同定义问题、定位产品、提出解决方案、并对方案做评估。

参与式设计示例如图 3-6 所示。

图3-6　参与式设计

5. 问卷调查

问卷调查（questionnaire）是社会调查中的一种数据收集手段，是指利用网上或纸张的问题清单对用户进行发放填写，从而收集用户对产品的反馈意见，研究用户对产品的态度、行为特征和意见，用户填写完后再收回整理分析，从而得出结论。

问卷调查示例如图 3-7 所示。

在做问卷时必须要明确以下两点。

（1）研究的主题是什么。

（2）问卷调查可以获取哪些信息。

图3-7 问卷调查示例

在问题和选项的设计时要注意以下几点。

(1) 简洁、明确、用户易理解。

(2) 态度中立、无诱导性。

(3) 无关研究目的的不问。

(4) 创造性地设计问题。

(5) 采用循序渐进、版块化的设计结构。

6. 访谈法

访谈法又称晤谈法，是指通过访员和受访人面对面地交谈来了解受访人的心理和行为的一种方法。访谈的主要目的是从用户的经验和认知中获得有价值的信息。

访谈法示例如图 3-8 所示。

图3-8 访谈法示例

访谈是需要设计的，如挑选什么样的用户，以及如何制订详细的研究计划。对于访谈研究来说，设计一份合理、详尽、缜密的访谈提纲至关重要。那么访谈提纲的设计需要注意哪些方面呢？这个问题可以从访谈结构设计和提问方式设计两个方面来解答。

1）访谈结构设计

（1）从最简单的问题开始。

（2）从高开放性问题慢慢收敛。

（3）控制问题的数量。

（4）准备问题模块。

2）提问方式设计

（1）基于用户现有的经验提问。

（2）在问题的明确性和开放性之间找到平衡。

（3）避免排比式提问。

3.1.5　以用户为中心的设计的意义

以用户为中心的设计，在实际设计中具有很大的价值和意义，对产品、企业、设计师、用户有十分重要的影响。

1. 对产品

一个好的产品，首先是用户需求和市场需求的结合，其次是低开发成本。在产品的早期开发过程中，及早引入用户的参与，能开发出充分迎合目标用户群的需求和切合市场需求的产品，用户对产品的接受程度会上升，在一定程度上就能容忍产品的某些缺陷。同时基于对用户需求的研究，可以判断未来产品的发展趋势，做好产品的整体规划。

2. 对企业

一个成功的产品可以为企业带来巨大的经济利益，帮助企业快速发展。以用户为中心的设计结合了不同的部门，如研究、策划和销售等部门，形成了统一的发展战略，减少了由各部门之间的间隙带来的浪费。以用户为中心的设计由于在最初的研究发展阶段需求资金相对较少，有利于企业制订出产品和服务的发展纲领。

3. 对设计师

以用户为中心的设计可以拓宽设计师的视野，为其提供一个新的设计视角。设计师可以从用户的角度来审视产品、发现问题，然后寻找解决问题的方法。在传统的产品和服务中，设计师、工程技术人员和市场人员一起努力，使产品达到他们的期望，但他们并不是用户，他们的期望并不对等于用户对产品的需求。设计师只有在对用户做相关的研究后，以用户的角度来看待设计，才能使设计出的产品获得成功。

4. 对用户

一个好的设计产品可以使用户快速地达到目的，对于用户来说更容易学会、使用，使用方式更易于记忆，能够帮助用户提高工作效率、降低出错的概率。好的设计产品对于安全的重视，将避免用户使用产品时给用户带来的身体伤害。同时一个好的产品不仅能够满足用户的需求，还可以给用户带来乐趣和美感，让用户获得情感上的满足。

以用户为中心的设计不是万能的神丹妙药，因为所有对设计的见解都依赖用户，这样有时候就会导致设计出来的产品或服务视野狭窄。建立在不恰当的用户需求上设计出的产品可能会被成千上万人使用，因为用户分段太多，以用户为中心的设计可能变得不实际。尽管如此，以用户为中心的设计还是很有价值，它是交互设计方法之一。

3.2
以活动为中心的设计

3.2.1　概述

　　我们所在的这个世界并不是所有的产品都是在以用户为中心的设计方法下被设计出来的，但是这些设计出来的产品依然工作得很好，很受用户欢迎。例如在汽车的设计过程中没有对用户进行系统的研究，因为最早的汽车是按照马车上的座位和驾驶方式来设计的，它的驾驶装置起先类似船舵，然后变成各式各样的手和脚的控制装置，最后演化成今天的模样。我们身边的各种产品，包括剪刀、斧头、打字机、鼠标以及体育用品等，尽管在不同的文化中它们会有一些细微的差别，但是它们基本上是相同的，世界各地的人们都能学会使用。为什么这些物品会工作得那么好呢？最基本的原因就是，当被设计时，这些物品所被用来从事的活动是经过了深入理解的，这就是以活动为中心的设计。

　　以活动为中心的设计（activity centered design，ACD），其关注的重点不再是"用户"，而是用户要做的"事"或"用户活动"，它使设计人员能够集中精力处理事情本身，因此更适合复杂的设计。

　　以活动为中心的设计的"活动"指的是完成某一个目标的过程的范畴，主要有人的行为、工具的使用、面对的对象、所处的环境等。归结到设计方法主要有两个方面：一是对人的因素的研究，既研究人的生理、人的心理、环境等对人的影响，也在文化、审美、价值观等方面对人的要求和人的变化进行研究；二是研究技术的发展与突破可能对人类生活观念上造成的影响，还要研究人与技术之间该如何协调，从而使技术进步带来的巨大改变能更好地为人类所服务。因此对于能够对交互设计起到推进作用的技术，人们都应该努力地去学习并掌握。从设计师的角度来看，以用户为中心考虑用户的内在需求和心理、生理接受能力的设计固然重要，但也要尝试应用新技术去设计方便好用的产品。

3.2.2　与以用户为中心的设计的关系

　　以活动为中心的设计是由著名心理学家唐纳德.A.诺曼在以用户为中心的基础上进行延伸而产生出来的一个方法，也是这几年慢慢流行起来的新设计方法，我们可以把它看作是对以用户为中心的设计方法的一个补充。以活动为中心的设计和以用户为中心的设计有如下的两个最大的区别。

　　第一，ACD 可以避免 UCD 在设计过程中被用户的特点所局限，ACD 不关注用户的目标和偏好，而主要针对围绕特定任务的行为。与 UCD 相比，ACD 是一种较微观的方法，ACD 将目标分解为小的任务分支，再对这些任务进行研究和设计。比如在设计一些专业产品的时候，用户更看重的是功能而非体验，这时结合 ACD 设计方法，对任务和活动进行研究，观察用户的行为（不是目标和动机），设计出的产品将更具功能性。所以，ACD 的目的是帮户用户完成任务，而不是达到目标本身。但也不能过分强调 ACD 而忽视 UCD，ACD 的中心是专注任务，设计师若过分过于专注任务，则可能不会从全局角度为问题寻找解决方案。有一句古老的设计格言：如果你开始着手设计的不是一个花瓶，而是一个可以放花的东西，你将会得到不同的结果。

第二，关注用户的活动也不能忽视"人"这一设计的活动主体，在交互设计过程中在采用 ACD 的同时也要将 UCD 相关的观点和思想考虑进去。活动理论的原则指出，活动是具有一定层次结构的，操作是作为动作单位而存在的，行动则是其活动单位，因此活动是一系列行动的总和。操作、行动和活动的形式是多种多样的，但活动的基本目标是固定不变的，所以在进行 ACD 的时候可以兼顾 UCD 对设计所带来的影响。

3.2.3 以活动为中心的设计的原则

产品被使用和被制作出来就构成了物和人之间的关系，这一关系通过完成相关任务表现出来。用户对产品的操作性、认知性和感性的理解依赖于对客观行为上的观察。究竟如何把握用户行为、如何以活动为中心展开设计呢？有以下几个设计原则作为参考。

1. 合乎人的尺度

人是产品交互过程中的主要对象和认知主体，因此满足人的需要是第一位的。产品的使用舒适与否、是否合乎人的需求，硬件的尺寸与人体特征参数是否匹配是主要影响因素。这部分的研究主要依靠人机工程学的理论支持，硬件尺度是影响用户行为的关键因素。符合人机工程学的产品简约座椅如图 3-9 所示。

图3-9 符合人机工程学的简约座椅

2. 考虑人的情绪因素

如果说合乎人的尺度指的是对人的生理结构的满足，满足人的情绪因素则主要从心理角度去考虑人对产品的接受程度。情绪与人在使用产品时要达到的目的通常是没有直接关系的，但情绪上的变化会对人使用产品的行为产生影响。情绪影响人们的决策，能控制身体肌肉，通过化学神经递质改变大脑的运行方式，进而影响操作行为。情绪能够互相传染，同时情绪反映在面部也对其他人的情绪和行为造成影响。

诺曼在《情感化设计》一书中谈到，美观的物品是更好用的。漂亮好看的物品使人感觉良好，而这种良好的感觉会促使他们更具创造性地进行思考。美可以通过影响人的情绪进而影响人的行为，但影响人情绪的因素有很多，包括天气、光线、气温等自然因素，也包括音乐等人为因素。场景的气氛营造、情绪渲染对人类各种社会行为有影响，例如，一个在商店中播放不同类型的音乐对人们购买红酒的行为的研究发现，是否播放音乐或者播放不同类型的音乐不太会影响人们购买红酒的数量，但是却对购买红酒的品质有较大的影响，并且播放爵士乐能够为红酒销售创造更多的利润。漂亮的产品包装咖啡包装如图 3-10 所示。

图3-10　漂亮的咖啡包装

3. 斟酌用户习惯

用户习惯，是长期延续下来的一种用户行为，是用户和产品交互时相互影响、相互适应产生的行为。对于用户习惯这个问题，我们需要分两个方面来考虑：一方面，尊重和强调"用户习惯"具有一定的合理性；另一方面，"用户习惯"不一定是合理的，可能需要颠覆性的设计才能取得成功。

1）尊重用户习惯

习惯是在长时间多频次有意识重复过程中形成的一种自发行为。一个产品的出现并不是独立开来的，用户接触一款新产品时，就已经养成了很多的使用习惯，因此，在设计新产品的时候应该考虑到产品的操作要与用户的习惯相一致，这样可以大大降低理解成本，使用户快速上手。

总之，要尊重用户的思维和习惯。比如所有 APP 的屏幕左上方都是返回上一层级的按钮，右上方则为分享按钮，这样用户在想要返回或分享的时候，会自然而然地点击相关按钮，根本不需要考虑。一些常用的图标具有约定俗成的含义，如图 3-11 所示，小五角星表示收藏，三角形表示播放，向下箭头表示下载等，设计时要尊重这些深入人心的用户习惯，不能用三角形表示收藏，正方形表示播放，向上箭头表示下载。

播放器扁平化图标如图 3-11 所示。

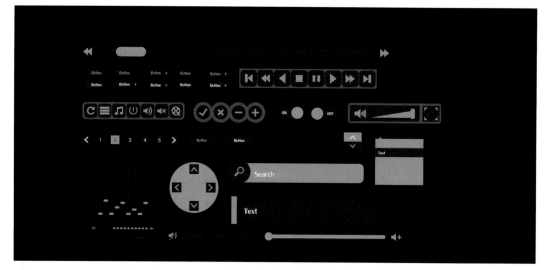

图3-11　播放器扁平化图标

习惯形成之后将很难改变，不管它是好的还是坏的。例如 QWERTY 键盘是一个典型的基于用户习惯的设计案例，是劣势产品战胜优势产品的典型代表。各个时期的键盘如图 3-12 所示，最初，打字机的键盘按照字母顺序排列，这符合人们记忆习惯。由于技术不够成熟，如果打字速度过快，某些键的组合容易出现卡键问题，于是克里斯多福·萧尔斯（Christopher Sholes）发明了 QWERTY 键盘布局，他将最常用的几个字母安置在相反方向，最大限度放慢敲键速度避免卡键。因此 QWERTY 键盘的打字效率较低，它出现的目的并不是加快打字速度。后来，由于材料工艺和技术的发展，字键卡键的问题得到有效解决，出现很多合理的字母顺序设计方案，可以大大提高打字速度，但都无法推广开来。至今 QWERTY 键盘仍然是打字和计算机输入键盘的主流，究其最主要的原因是习惯的力量，改革的成本很高，对于大多数人来讲速度的提高并没有实质性意义。

图3-12　各个时期的键盘

2）打破用户习惯

"千万不要和用户习惯开战"这话说的是不可打破用户习惯，虽然这一说法过于绝对，但说明了用户习惯的重要性。设计师在设计过程中不能一味迎合用户习惯，这样会降低产品的趣味性，使产品缺乏生气。因此设计师可以在追寻和凸显产品的趣味性的基础上，有限度地改变用户的使用习惯，体现产品的差异化，给用户带来更独特更深刻的体验。

在技术革新日新月异和互联网高速发展的今天，打破用户习惯可以产生很多非常好的产品。如图 3-13 所示，滴滴打车相对于传统的路边拦车通过技术改变了用户的习惯，成为优秀的产品。微信支付和支付宝支付是对刷银行卡支付手段的创新，电子书相对于纸质书实现了改变阅读"介质"的突破。

图3-13　滴滴快车广告

进行设计时，设计师是迎合用户使用习惯，还是打破过去的行为习惯呢？设计师应辩证思考，站在更高层次，基于商业目的、用户体验创新、科技创新等去综合考虑。同时，设计师应该遵从设计让世界更美好的原则。尊重用户行为习惯和打破行为习惯都能够创造好的设计。

3）人与技术的协调

以活动为中心的设计的思想涵盖了人需要去适应技术革新带来的生活变化。不应只要求产品去适应人，人也要通过不断的学习和发展新的技术，这样才可以推动社会进步，同时技术不断进步也可以积极地改变人们的生活。因此，人与技术之间应该相互协调，互相促进。

技术进步可以带来新的消费体验感受，图 3-14 里的场景是位于纽约 Kate Spade 的可购物橱窗，采用了 eBay 的科技。这家店铺实际上只有橱窗，橱窗中挂满最新款的服装供顾客浏览实物，顾客可以在旁边的嵌入式平板上操作，了解产品信息，进行现场试衣，并在线购买。在线购买的同时让顾客能够欣赏 Kate Spade 精心设计的橱窗。

图3-14　可购物橱窗

图3-15　Miyo花瓶

3.2.4　以活动为中心的设计

当设计师在以活动为中心的设计方法进行设计的时候，需要注意以下几点：

1. 理清活动背后的用户需求

进行设计的时候不能为"设计"而"设计"，必须要理解产品解决的用户需求和用户对产品的本质需求。这样可以拓展设计师的设计思路，不再局限于"活动"，进行思维上的转变可以产生很多意想不到的设计灵感。

前文提到，如果开始设计的不是一个花瓶，而是一个可以放花的容器，设计师将得到不同的结果。因为按花瓶设计，结果只是得到不同样式的花瓶而已，当思路转变之后以"容器"去理解，设计出来的可能是一件艺术品。Miyo 花瓶（见图 3-15）是墨西哥设计师 Javier Mora 设计的一款以铜为材质的花瓶，它采用镂空设计，像正在旋转舞者的裙子，又仿佛是一朵倒立的花，它的设计遵从黄金分割。Miyo 花瓶是独一无二的，蕴藏着勇气和力量，激情和绝望的设计情感。

设计师对牙刷进行产品改良设计时，会考虑牙刷的形状是否好看，是否符合人机工程学，刷柄是否舒适易握，便于操控；刷头的刷毛是否采用新材质，是否更好地保护牙龈；颜色是否醒目，能够被大众接受等。但是当用户认真思考之后，其实他们只需要某种产品能够让口腔变得卫生。当认识到牙刷的本质功能是清洁口腔，设计师会思考未来的口腔护理是怎样的？是延续传统的"刷"，还是采取其他方式，例如"喷"和"嚼"，这样一来，设计思路绝不会被限制于牙刷本身，例如图 3-16 所示的高露洁非传统口腔清洁产品。使用田野调查的用户研究方法，以用户本质需求为导向，基于用户行为，能产生新的解决方式。这样设计师能设计出漱口水、牙线、电动牙刷和像口香糖一样清洁口腔的产品。

图3-16　高露洁漱口水新平面广告

2. 活动的完成需要适应技术

以活动为中心的设计原则讲述了人与技术的协调，完成相关任务的时候需要适应技术对用户的要求，而不是一味地服从用户的意愿。

用户需要逐渐适应新技术，设计师不仅需要了解这一点，而且可以有效地利用这一点。很多时候用户必须先学习工具和技术，然后才会理解进行的活动，比如射击，必须先理解枪支的结构和特点才能掌握这项运动的精髓。科学家创造技术，设计师将技术转化为产品，用户适应技术。例如，用户从适应用鼠标操控计算机，到适应用手触控操作，用户随着技术的发展改变行为活动。很难证明触控方式是最好的人机交互方式，未来这种方式仍然会改变，用户将继续适应新技术。

Magic Mouse 鼠标示例如图 3-17 所示。

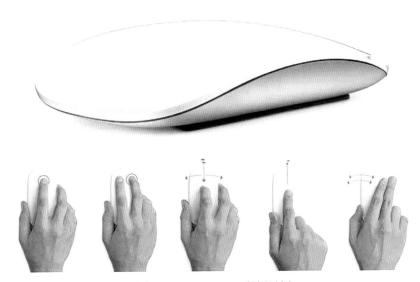

图3-17　Magic Mouse鼠标示例

3. 设计可以引导活动更好的完成

以活动为中心的设计，并不是要求设计师分析和观察用户的行为，然后设计产品迎合用户的需求。以活动为中心的设计还需要设计师在适当的时间、适当的地点通过特定的设计引导用户行为达到某种目的，这是"以行为为中心"与"以用户为中心"两种设计思维的不同。设计对行为的引导可以是消极的也可以是积极的，这种引导可以从生理和心理两个层面理解，概括来讲主要包括约束和刺激两种方法。

1）约束

生活中总有些状况让我们无所适从摸不着头脑，例如掏出一串钥匙不知道哪一把是正确的；拿出 U 盘准备插入电脑的时候会犹豫哪一面是正确的。类似的犹豫充分说明用户有选择，避免这种选择错误最好的办法是给用户唯一选择。因此设计师通过对产品进行约束的设计方法，可以引导用户正确的操作。

2013 年 iF 获奖作品示例如图 3-18 所示。

如果用户能轻易发现产品物理结构上的限制性因素，就可以有效地避免误操作。以门把手的设计为例，如果去掉把手，用户明白这扇门需要推开。生活中很多门被写上"推"或"拉"的文字，这是方便用户使用的设计，但此时这扇门的使用方式需进行两个层次的理解，对其本身而言并不是好的设计，不仅增加了成本，而且增加了用户理解的负担。

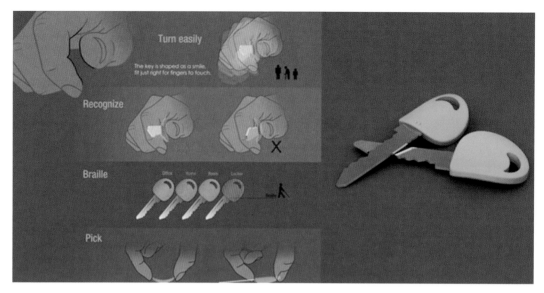

图3-18　2013年iF获奖作品微笑钥匙(Smile Key)

在公园、购物中心或广场，提供给人们休息的座椅利用率很低，设计供三人或四人使用的长椅经常只有一个人坐。尽管很多人徘徊、找不到座位，但他们不愿意和陌生人坐一起。原因是他们需要私密空间，对陌生人有本能的排斥，而传统长椅的特点使他们感到和陌生人过于亲密。图 3-19 的公共座椅设计通过对座椅圆面进行分割，使用户对自己坐的区域有"领地"感，不会有干扰他人的想法。

图3-19　符合用户心理的户外椅子

2）刺激

在设计原则中讲到考虑人的情绪因素，可见用户喜欢漂亮的产品。产品形态、色彩、材质甚至是声音和触感等都属于这类刺激因素，通过刺激用户，可以激发用户思考，引导用户行为朝着预定的方向改变，从而完成产品需要完成的任务，达到其目的。

原研哉编写的《设计中的设计》一书讲到坂茂设计的卷筒卫生纸，如图 3-20 所示，

图3-20　坂茂设计的卷筒卫生纸

它是设计可以引导用户更好完成任务的绝佳例子，包含着约束和刺激两个层面的引导。坂茂设计的卫生纸卷芯和纸都呈方形，因此用户使用时有阻尼感并发出"咔嗒咔嗒"声。由于不流畅的体验，拉出的纸比预想的少，传统的圆形纸筒拉扯滚动流畅，最终拉出的纸比实际需要的多。拉扯方形纸筒时，产生阻力并发出不悦耳的声音，刺激用户，引发用户思考，激发用户潜在的节约资源的意识，将用户行为朝着良性方向引导，有降低资源消耗并传递节约用纸的信息的作用。产品包装设计也如此，放置时圆形纸卷间隙大，而方形纸卷能紧靠一起，可节省运输和存储空间，节省运输和存储成本。

3.3
以目标为导向的设计

3.3.1 概述

以目标为导向的设计（goal directed design，简称 GDD）方法是 Visual Basic 之父，交互设计之父艾伦·库珀（Alan Cooper）在《交互设计之路：让高科技回归人性》以及《About face4：交互设计精髓》等书里面阐述的设计方法，是其在 IDEO 公司工作期间研究的一种新的开发软件和交互设计产品的方法。这种设计方法为设计师提供研究用户需求和用户体验的操作流程和相关技术。其方法的核心在于产品设计是帮助用户实现目标，在实现的过程中，需要对用户进行相关研究以便完成一系列任务。本章节主要介绍其方法内容。

以目标为导向的设计综合了以下方面的技术：人种学研究（ethnography）、利益相关者（如投资商、开发者）访谈、市场调研、用户模型的建立、基于场景的设计，以及一组核心的交互设计原则和模式。采用这种方法既可以满足用户对产品的需要，又能获取业务和技术需求的解决方案。在产品设计过程中，设计师要规划和理解使用其产品的用户如何工作和生活，使设计的产品形式能够支持和促进用户行为，帮助使用者实现用户目标。目标导向设计要求充分理解用户目标，并基于用户目标建立用户模型用以定义用户需求，然后以用户需求指导产品的交互设计。

交互设计不是凭空想象，成功的设计师应该在产品开发过程中对用户目标保持高度敏感，而以目标为导向的设计方法是帮助设计师在定义和设计产品时需要解决大部分问题的有效工具，这些问题如下。

（1）用户是谁？

（2）用户试图实现什么目标？

（3）用户如何看待他们要实现的目标？

（4）用户认为哪些体验具有吸引力？

（5）产品应当如何工作？

（6）产品应当采用何种形式？

（7）产品功能如何能有效地组织在一起？

（8）产品以何种方式面向首次使用的用户？

（9）产品如何在技术上实现易于理解、让人喜欢和易于操控？

（10）产品如何处理用户遇到的问题？

（11）产品如何帮助不常使用或者新用户实现其目标？

（12）产品如何为骨灰级用户提供足够的深度使用功能？

3.3.2　以目标为导向的设计流程

艾伦·库珀（Alan Cooper）在《About face4：交互设计精髓》一书中将设计过程分为以下六个阶段：研究、建模、需求、框架、提炼和支持，如图3-21所示。这些阶段同 IDEO 公司提出的交互设计的构成活动一致，即理解、抽象、架构、呈现和细节。然而以目标为导向的设计更加强调对用户行为建模和对系统行为的定义。以目标为导向的设计流程详图示例如图 3-22 所示。

图3-21　以目标为导向的设计流程

初始　设计		构建	测试	发布
目标导向设计工作活动		关注问题	利益关系人的协作	阶段性工作成果
研究	研究范围； 定义项目目标和日程	目标、时间进度、财务因素、进程、里程碑	会议 能力和范围确定	文档 工作内容描述
	审计 审查现在的工作和产品	商业和营销计划、品牌策略、市场研究、产品线计划、竞争对手、相关科技		
	利益关系人访谈 了解产品前景规划和各种限制	产品前景规划、风险可能、各种限制、后勤、使用者	访谈 和利益关系人和使用者的访谈	
	使用者访谈和观察 了解使用者需求和行为	使用者、潜在使用者、行为、态度、能力、动机、环境、工具、困难	记录 初期的研究发现	
建模	人物角色 使用者和客户模型	使用者和客户的行为、态度、能力、目标、动机、环境、工具、困难等模式	记录 人物角色	
	其他模型 表示产品所处领域的因素，而非关于使用者和客户的因素	多个人群、多个环境、多个工具间的工作流		
需求定义	情景场景剧本 表示产品所处领域的因素，而非关于使用者和客户的因素	产品如何放在人物角色的生活和环境中，并帮助他们实现目标	记录 场景剧本和需求	文档 产品和领域分析
	需求 描述产品必须具备的功能	功能需求、数据需求、使用者心理模型、设计需求、产品前景、商业需求、技术	演示 使用者和领域分析	
设计框架	元素 定义信息和功能如何表现	信息、功能、机制、动作、领域、对象模型	记录 设计框架	
	框架 设计使用者体验的整体构架	对象关系、概念分组、导航序列、原则和模式、流、草图、故事板		
	关键线路和验证性场景剧本描述人物角色和产品的交互	产品如何适应使用者理想的行为序列，以及如何迎合其他各种类似的情况	演示 设计原理	
设计细化	细节设计 将细节具体化	外观、ldloms、界面、小部件、行为、信息、视觉化、品牌、体验、语言、故事板	记录 设计细化	文档 外形和行为规格说明
设计支持	设计修正 适应新的约束因素和时间线	在技术约束发生改变时，保持设计概念的完整性	协同设计	修正 外形和行为规格说明

图3-22　以目标为导向的设计流程详图示例

1. 研究

研究阶段利用人种学（ethnology）实地研究技术（观察和情景访谈），获取有关真正或潜在的产品用户的定性数据。还包括对竞争产品的调查，对市场的研究和品牌战略进行分析，以及与产品利益相关人、开发人员、产品行业领域专家和特定技术专家进行访谈。

通过实地观察并进行用户访谈的最主要的目的在于能从中发现用户行为模式，从而帮助设计师对现有产品或正在开发的产品使用方式进行分类。从用户行为模式能分析用户使用产品的目标和动机，及用户使用该产品希望达到的具体或一般性结果。对于商业和科技领域，这些行为模式对应某种职业角色；而对于消费产品，这些模式对应着生活方式的选择、行为模式以及人物模型。市场研究有助于对人物角色进行选取，通过筛选和过滤从而选择适合产品模型的人物角色。利益相关者访谈、文献研究以及产品研究能够加深设计师对产品所属领域的理解，阐明产品的商业目标、品牌属性及技术限制等。

2. 建模

通过上一个阶段对现场研究和访谈的分析，设计师得到用户的行为模式，通过引入"用户模型"这个概念，方便设计师了解用户的行为，如何思考，预期目标以及为什么制定这种目标，给设计师提供精确思考和交流的方法。人物模型不是真正的人，它是研究中众多真实用户的行为和动机的代表。也就是说人物模型是合成模型，建立在调查过程中发现的用户行为模式基础上。人物模型是经过人为加工的用户模型，它代表在使用行为、态度、能力、目标以及动机方面有显著不同的用户。用户建模提炼出这些用户模型和环境因素，在定义框架阶段用于产生产品概念。同时也可以为产品优化阶段提供反馈，以保证设计的一致性。

在建模过程中设计一款能够满足多样化用户喜欢的产品，功能应该尽可能的广泛才可以满足更多的用户。然而这种思路有缺陷，在建模的时候设计师应该关注特定个体的产品，不要求大贪全，因为功能过于复杂会增加用户的认知负担，对用户造成使用困扰。图 3-23 是针对不同人群设计相应的汽车的示例。

图3-23　针对不同人群设计相应的汽车

3. 需求定义

在需求定义阶段，设计团队采用的设计方法为用户和其他模型之间提供紧密的联系，同时也提供了设计框架。这一阶段主要基于以场景为基础的设计方法，其重要突破点在于不仅关注抽象的用户任务，而且关注人物模型对产品的需求，重视产品如何在创建的人物模型的生活环境设定中帮助用户实现目标和需求。人物模型可以帮设计师确定哪些任务重要和为什么重要，设计的产品能最小化工作量和最大化企业收益。场景的主角是人物模型，设计师通过角色扮演的形式探索设计空间，为设计提供思路和见解。

对于每个界面或首要人物模型来说，在需求定义阶段的设计过程中要分析人物模型数据和功能需求并用对象、动作和情境阐述。在不同的情境中，基于人物模型的目标、行为及其他人物模型的交互对这些数据和需求进行优先级排序并获取信息。

4. 设计框架

在以目标为导向的设计中，设计师从高层次关注用户界面和相关行为的整体结构的阶段称为设计框架，设计时不能直接从细节入手，只着眼于局部，设计框架在设计中起到高屋建瓴的作用，是总领全局的观念。

这一阶段重点定义各种设计元素，着重考虑信息和功能的展现，其中信息、功能、机制、动作和人物模型都是重要的组成部分。通过对用户调研的结果、技术可行性和商业价值的综合考虑，交互设计师为产品的目标创建概念模型，从而为产品的用户行为和视觉设计可能的物理形态（工业设计）定义基本框架。

基于用户行为分析的相关数据和层级结构被设计师用作交互框架定义（interaction framework），这是一种固定的设计模式，为后面的细节设计提供交互逻辑和高层次的形式结构。交互框架出现之后，视觉设计师开始使用视觉语言研究开发视觉设计框架（visual design framework），也称为设计原型。主要从图形、字体、颜色体现品牌属性和设计风格。如果产品具有物理形态，则设计师采用形式语言研究开发物理模型和设计模型（industrial design framework），用以确保整体的交互概念可用。

长虹 CHiQ 产品风格确定示例如图 3-24 所示。

图3-24 长虹 CHiQ产品风格确定示例

5. 提炼

提炼阶段也称为细化设计阶段，这一阶段与框架定义阶段类似，但更注重细节呈现。交互设计师更专注活动的一致性，通过对关键场景和验证场景检验其是否合理。视觉设计师通过对产品风格类型的定义和对图标、文字、颜色等视觉元素的应用创造层次分明的视觉界面，为用户提供良好的用户体验。设计师在恰当的时候确定材料并和工程人员合作，完成装备方案和生产技术论证。提炼阶段的尾声是提供一份详细的设计文档，以形式和行为规范或蓝图的方式呈现。

6. 开发支持

即使精心构思并通过验证的设计也无法预计开发过程中遇到的每个困难。开发者构建产品的过程中要能及时回答用户随时提出的疑问，开发团队经常为赶工期而将工作按优先级排序，因此他们会缩减发开周期。如果设计团队不调整方案，开发人员不得不因时间紧迫而擅自改修改，这样可能严重地损害产品的完整性。

3.3.3 以目标为导向的主要内容

以目标为导向的设计方法主要由人物角色（用户模型）、目标和场景三部分组成。目标是用户对使用的产品的期望，设计师需要考虑不同的人物角色在不同的场景中的使用方式。从目标用户入手，明确用户使用产品需达到的目标，运用场景分析产品能否达到用户的需求，是以目标为导向的设计方法的基本思路。

1. 人物角色

人物角色是针对产品目标用户群体真实特征的描绘，是真实用户的综合原型，人物角色不是真实的人物，但是在设计过程中代表着真实的人物，具有目标群体的真实特征。通过对产品使用者的目标、行为和观点等进行研究，将这些要素抽象综合成为一组对典型产品使用者的描述，以辅助产品的决策和设计。

为了确定目标用户群体，设计师通过创建一个人物角色分析用户潜在使用环境与其他行为模式的关系。通过对人物角色添加一些简要的内容使其更加真实。

一般包含姓名、照片、个人基本信息、对要设计的产品的相关领域产品使用情况的描述、日常生活的描述、用户目标期望、产品使用行为描述。

关于网页改进的人物角色模型示例如图 3-25 所示。

图3-25　关于网页改进的人物角色模型示例

人物角色模型是一种非常实用的设计工具，在产品开发过程中有助于解决遇到的难题，有以下主要作用。

（1）确定产品的功能，人物角色的目标与人物奠定整个设计的基础。

（2）促成意见统一，帮助团队内部确立适当的期望值和目标，一起创造精确的共享版本。

（3）创造效率，让每个设计师优先考虑有关目标用户和功能的问题。

（4）带来更好的决策，与传统的市场细分不同，人物角色关注的是用户的目标、行为和观点。

2. 用户目标

如果人物角色为方便观察用户行为提供情境，那么用户目标是这些行为背后的驱动力。在任务完成的过程中反映出产品的功能和行为，一般情况下任务越少越好，任务只是达到结果的手段，而目标才是最终的目的。在进行设计的时候要始终坚持以用户目标作为设计的方向。

唐纳德.A.诺曼在《情感化设计》一书中提到产品设计的三个不同设计维度，即本能、行为和反思。诺曼提出这三种维度对于用户产生体验目标、最终目标和人生目标三种用户目标类型的影响如图 3-26 所示。

图3-26　用户目标的三种类型

（1）体验目标是简单、通用且个性化的，表达用户在使用产品时期望的感受或与产品交互的感受。

（2）最终目标代表用户使用某个具体产品执行任务的动作，是决定产品整体体验较为重要的因素之一。最终目标的实现体现为用户觉得付出的时间和金钱是值得的。

（3）人生目标代表用户的个人期待，通常超越了涉及的产品的情境，是用户深层次的驱动力和动机的反应。人生目标是人物角色长期欲望、动机和行为特征的描述。

3. 场景

场景是用具体的故事阐述设计方案的一种方法，告诉用户产品在什么样的原因和什么情况使用。

创建好的场景需要解决下列关键的问题。

（1）用户是谁?

（2）用户为什么会使用该产品?

（3）用户如何完成自己的目标?

对于交互设计来说，可以分为以下三类场景。

(1) 基于目标或任务的场景。

(2) 精细化的场景。

(3) 全面的场景。

3.4
系统设计

3.4.1　概述

系统设计〔systems design，简称 SD〕是解决设计问题的一种非常理论而又理性的分析方法。它通过把需要解决的问题放在工作流程中解决，把用户、产品、环境和环境组成要素构成的系统作为一个整体考虑，分析各组成要素之间的相互关系和影响，从而提出合理的设计方案。系统不一定指计算机，可以是由人、产品和环境组成，系统可以从很简单系统如家里的供热系统，到非常复杂的如政府的组成体系系统。系统设计方法是一种结构分明、精确严密的设计方法，对于解决复杂问题特别有效，可以提供全盘性视觉，便于整体分析。

在以用户为中心的设计方法中，用户位于整个设计过程的中心，系统设计则把相关元素当作互相作用的实体衡量。系统设计并没有忽视用户的目标和需求——这些目标和需求作为系统的预设目标，在整个系统设计方法中，便于对各个元素的重视尤其是场景而不只是单独强调用户。系统设计和以用户为中心的设计方法完全兼容，两者的核心都是在理解用户的目标基础上做设计。系统设计观察用户与场景的关系，同时也观察他们在设备、他人以及自己之间进行的交互。

系统设计最强大的地方在于，可以为设计师提供一个全景视野来整体研究项目，将目光注重于产品和服务的环境，而不是单个的对象或设备，通过对使用过程的关注获得对围绕产品或服务环境的更好理解，毕竟没有一个产品存在真空里。

3.4.2　系统设计主要研究的内容

在信息爆炸化和知识密集化的今天，衍生很多拥有各自的知识体系和结构的内容，使产品形态成为一个特别复杂的综合体，因此，在系统设计中，研究的主要内容是"人－机－环境"系统，简称人机环境。构成人机系统三大要素的人、机器和环境，可以看作人机系统相对独立的三个子系统，分别归属于行为科学、技术科学和环境科学的研究范畴。系统设计强调应该把系统当作一个整体考虑，部分属性之和不等于系统的整体属性，具体状况取决于系统的组织结构及系统内部的协作作用程度。因此，在研究的时候既要研究人、机和环境每个子系统的属性，又要对其系统的整个结构和属性做研究。最终目的是使系统综合使用效能最高。人、机和环境之间的关系如图 3-27 所示。

因此可将系统设计主要研究的内容分为人的因素、机的因素、环境因素和综合因素四个方面。

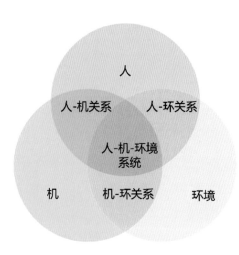

图3-27　人-机-环境关系

1. 人的因素

人的因素包括人体尺寸和机械参数研究。主要包括人在操作产品时的行为姿态和空间活动范围，属于人体测量学的研究范畴。人操作产品时的操作力、操作速度和操作频率，动作的准确率和耐力极限等，属于生物力学和劳动生理学的研究范畴。人对信息的接收、存储、记忆、传递、输出能力以及各种感觉通道的生理极限能力，属于认知心理学的研究范畴。人的可靠性及作业适应性主要包括人在劳动过程中的心理调节能力、心理反射机制，以及在正常情况下失误的可能性和起因，属于劳动心理学和管理心理学研究的范畴。总之，人的因素涉及的学科内容很广，在进行产品的人机系统设计时应该科学合理地选用各种参数。

2. 机的因素

机的因素包括信息显示和操作控制系统设计。主要指机器接收人发出指令的各种装置，如操纵杆、方向盘、按键和按钮等。这些装置的设计及布局必须充分考虑人输出信息的能力。信息显示系统主要指机器接收人的指令后，向人做出反馈信息的各种显示装置和嗅觉信息传达装置等。无论机器如何把信息反馈给人，都必须快捷、准确和清晰，并充分考虑人的各种感觉通道的"容量"。此外有安全保障系统，主要指机器出现差错或人失误时的安全保障措施和装置。它应包括人和机器两个方面，其中以人为主要保护对象，对于特殊的机器还应考虑救援逃生装置。

3. 环境因素

（1）环境因素包含内容十分广泛，通常要考虑物理环境、心理环境和美感因素。

（2）物理环境指环境中的照明、噪声、温度、湿度和辐射等。

（3）心理环境主要是指对作业空间的感受，如厂房大小、机器布局和道路交通等。

（4）美感因素指产品的形态、色彩、装饰以及功能音乐等。

（5）此外，还包括人际关系等社会环境对人心理状态的影响。

4. 综合因素

综合因素主要考虑以下情况，即人机间的配合和分工，也叫人机功能分配，应全面综合考虑人与机器的特征及机能，从而扬长避短，合理配合，充分发挥人机系统的综合使用效能。人机要合理分工，由机器承担笨重的、快速的、有规律的、单调的和操作复杂的工作，人主要做对机器系统的设计、管理、监控、故障处理和程序指令的安排等工作。

3.4.3　系统设计的原则

设计方法的原则都大体相同，系统设计是以技术先进、系统实用、结构合理、产品主流、低成本和低维护量作为基本建设原则，规划系统的整体构架。

先进性指的是在产品设计上，整个系统软硬件设备的设计符合高新技术的潮流，媒体数字化、压缩、解压和传输等关键设备均处于国际领先的技术水平。在满足现期功能的前提下，系统设计具有前瞻性，在今后较长时间内保持一定的技术先进性。

安全性指的是系统采取全面的安全保护措施，具有防病毒感染、防黑客攻击措施，同时在防雷击、过载、断电和人为破坏方面进行加强，具有高度的安全性和保密性。对接入系统的设备和用户，进行严格的接入认证，以保证接入的安全性。系统支持对关键设备、关键数据、关键程序模块采取备份、冗余措施，有较强的容错和系统恢复能力，确保系统长期正常运行。

合理性指在系统设计时，充分考虑系统的容量及功能的扩充，方便系统扩容及平滑升级。系统对运行环境（硬件设备、软件操作系统等）具有较好的适应性，不依赖于某一特定型号计算机设备和固定版本的操作系统软件。

经济性指在满足系统功能及性能要求的前提下，尽量降低系统建设成本，采用经济实用的技术和设备，利用现有设备和资源，综合考虑系统的建设、升级和维护费用。系统符合向上兼容性、向下兼容性、配套兼容和前后版本转换等功能。

实用性指本系统提供清晰、简洁、友好的中文人机交互界面，操作简便、灵活、易学易用，便于管理和维护。例如，具有公安行业风格界面和公安行业习惯操作的客户端界面。在快速操作处理突发事件时有较高的时效性，能够满足公安联网指挥的统一行动。

规范性指系统中采用的控制协议、编解码协议、接口协议、媒体文件格式和传输协议等符合国家标准、行业标准和公安部颁布的技术规范。系统具有良好的兼容性和互联互通性。

可维护性指系统操作简单、实用性高，具有易操作和易维护的特点，系统具有专业的管理维护终端，方便系统维护。并且系统具备自检、故障诊断及故障弱化功能，在出现故障时能及时、快速地进行自维护。

可扩展性指系统具备良好的输入输出接口，可为各种增值业务提供接口，例如 GIS 电子地图、手机监控和智能识别等。同时，系统可以进行功能的定制开发，实现与公安内部系统的互联互通。

开放性指系统设计遵循开放性原则，能够支持多种硬件设备和网络系统，软硬件支持二次开发。各系统采用标准数据接口，具有与其他信息系统进行数据交换和数据共享的能力。

3.5
天才设计方法

天才设计方法（genius design，简称 GD）几乎完全依赖设计师的智慧和经验进行设计和决策。设计师尽其所能判断用户需求，并以此设计产品。与其说天才设计是一种设计方法，不如说是一种设计理念。这种理念主要依赖设计师或 CEO 的个人智慧和才能，体现设计师或个人的价值，往往是以出其不意、突破用户的心理预期和打破用户的使用习惯而获胜。

3.5.1 天才设计方法的作用

（1）对于经验丰富的设计师来说，这是一种快速和个人化的工作方式，最终设计能充分体现设计师对产品的敏锐直觉。

（2）这是一种最灵活的设计方法，设计师可以将精力用在他们认为合适的地方。

（3）没有条条框框的限制和约束，设计师的思路会更开阔、创新也会更自由。

3.5.2 使用天才设计方法的原因

天才设计方法与其他严谨的设计方法相比，显得更加的洒脱和自由，一般在如下几种情况下使用。

（1）出于对自身品牌的自信，相信品牌的号召力和自身的实力，尽管产品有瑕疵，粉丝也可以容忍，如 Apple 的 iPod、iPhone 和图 3-28 中的 iPad mini 等产品。

图3-28　iPad mini

（2）受资源或条件的约束。例如，有些设计师工作的企业不提供研究调查的资金和时间，也有设计师的好的设计方案不被公司认可和重视，因此他们只能自己创办公司，完成自己的设计。

（3）出于保密或营销策略，在产品投入市场之前，不向外界透露任何与产品相关的信息，基本不做用户研究和用户测试，要做也是在公司团队或公司内部进行，只在非常必要的情况下才做，希望产品出现时能够使用户感到惊喜。如图 3-29 的 iPhone 系列手机，从一代到现在的 iPhone7，每一代在推出前，性能和发布时间都充满悬念，吊足了粉丝的胃口。

图 3-29　iPhone 系列手机

天才设计方法可以创造一些经典的令人印象深刻的设计，也有失败的案例，比如苹果公司在 1993 年推出的第一台掌上电脑 Newton，因为尺寸过大并限于当时材料技术水平，识别准确度未能让人满意，从而停产。

3.6
设计方法总结

设计的方法很多，本章介绍了 5 种设计方法，在进行设计的时候可以综合采用多种方法，不必局限于某种方法，一切以最终的目的为准则，让用户能够拥有更多更好的产品。

设计项目不同，设计师不同，对方法的选取也不一样，方法各有所长，在进行设计的时候视情况而定，使用不同的设计方法，对这些方法的了解是为灵活运用而不是拘泥于固定的模式，因此很好地掌握这些设计方法，可以给设计师提供很多设计思路和设计方向。

3.7
推荐阅读

图3-30 《About Face 4：交互设计精髓》

1.《About Face 4：交互设计精髓》

【作者】 ［美］艾伦·库伯，［美］罗伯特·莱曼，［美］戴维·克罗宁，［美］克里斯托弗·诺埃塞尔。

【出版社】 电子工业出版社。

【内容简介】 《About Face 4：交互设计精髓》（见图 3-30）是一本数字产品和系统的交互设计指南，全面系统地讲述了交互设计的过程、原理和方法，涉及的产品和系统有个人计算机上的个人和商务软件、Web 应用、手持设备、信息亭、数字医疗系统、数字工业系统等。运用《About Face 4：交互设计精髓》的交互设计过程和方法，有助于了解使用者和产品之间的交互行为，进而设计出更具吸引力和更具市场竞争力的产品。

2.《IDEO，设计改变一切》

【作者】 蒂姆·布朗（Tim Brown）。

【出版社】 万卷出版公司。

【内容简介】 《IDEO，设计改变一切》（见图 3-31）被创新工场董事长兼首席执行官李开复隆重推荐，这是一本有关设计思维的著作，作者用他的聪慧、经验和一个个引人入胜的故事，为读者创造了一次愉悦的阅读之旅。在书中，作者以一种全新的方式，捕捉了一切设计工作所需的情绪、思路和方法，无论对于产品设计、体验设计还是经营策略选择，都极具启发意义。

图3-31 《IDEO，设计改变一切》

3.《设计中的设计》

【作者】 〔日〕原研哉。

【出版社】 山东人民出版社。

【内容简介】《设计中的设计》（见图3-32）提出设计到底是什么？作为一名从业二十余年并且具有世界影响的设计师，原研哉对自己提出了这样一个问题。为了给出自己的答案，作者走了很长的路，做了许多探索，都在书中有展示。本书自 2003 年出版以来，在日本先后加印十七次，2004 年荣获由 SUNTORY 财团颁发的第二十六届文学艺术大奖，2005 年，在台湾出版后，迅速登上诚品书店、金石堂艺术类图书排行榜，蝉联多期，畅销至今。

图3-32 《设计中的设计》

课程作业

运用"以用户为中心"的设计方法设计一款可以提供大学生在线学习的 APP，着重分析用户为中心的设计流程，具体要求如下。

（1）分析产品定位和市场需求。

（2）完成产品原型设计。

（3）以小组为单位完成（不能超过四人）。

（4）最后以 PPT 形式汇报。

第 4 章

设计需求

4.1
什么是设计需求

设计需求主要包括目标用户、使用场景和用户目标。设计需求可以看作目标用户在合理场景下的用户目标，其实就是解决"谁"在"什么环境下"想要"解决什么问题"。设计需求其实是一个个生动的故事，告诉设计师用户的真实情况。设计师需要了解这些故事，帮助用户解决问题，并在过程中让他们感到愉快。

4.1.1 设计需求从哪来

在实际项目中，设计需求的主要方式有用户调研、竞品分析、用户反馈分析和产品数据分析等，这些都需要产品经理和设计师密切关注。

设计需求来源示例如图 4-1 所示。

图4-1 设计需求来源示例

4.1.2 设计需求概念

通过问卷调查、用户访谈和信息采集等手段挖掘设计需求，了解目标用户在真实使用环境下的感受、痛点和期望等。设计需求包含以下两层含义。

（1）Need（需要，必要）：主要是物质层面上的需要，表示最基本、最核心的需要，相当于马斯洛提出的生理和安全的需求。

（2）Want（想要，希望）：主要是精神层面上的需求，相当于马斯洛提出的感情，尊重和自我实现的需求。

我们可以通过生活中的小事理解什么是设计需求，什么是设计想要的，例如寒冷的时候，穿上厚厚的冬衣，这是保暖的"需要"，可是还希望保持苗条的身段，这是追求美的"想要"。理想情况是两者的满足，看起来是一件十分困难的事，但是随着人类的进步和科技的发展，这样的矛盾能解决。

无论满足"需要"还是"想要"，或满足"必要"还是"希望"，均是交互系统中的设计需求目标，这种设计需求主要从用户的角度出发，可以分为显性需求、隐性需求和潜在需求。

（1）显性需求：用户能非常明确提出的基本需求，或用户在现有产品的基础上提出新的需求。

（2）隐性需求：用户现阶段还不能明确提出的需求，但当这种需求的形式出现时完全能够被用户认可和接受。

(3) 潜在需求：用户有明确的欲望，但受购买力等条件限制，尚无明确显示的需求。

例如，当人们在旅途中放松时，自然会想到用 MP4，iPod 或智能手机等产品听一段音乐或欣赏一段视频，这是显性需求。但是人们不一定会想到，能否欣赏一段 3D 视频，体验一段身临其境、真假交融的虚拟现实呢？如果有这样的产品推出，难道人们会拒绝吗？在现阶段，可以随时随地体验 3D 视频对用户是一种隐性需求。也许用户想到戴立体 VR 眼镜才能体验 3D 视频，但未必能想到裸眼同样可以实现，甚至还可能自己拍摄 3D 视频或照片，这些属于隐性需求。

相比之下，识别用户的显性需求较容易，而挖掘用户的隐性需求并非易事，因为后者需要更多的设计创新。从苹果公司 2010 年推出的掌上影音产品 iPod 第一代，到现在的 iPod Touch 第四代，充分体现了这一点。

如何让用户被界面吸引，进而愿意通过操作完成任务呢？首先，要了解用户，知道用户有什么样的需求，他们想要的是什么。其次设计师要保证界面逻辑不是错误的，使用户顺利完成任务。最后设计师力求设计形式符合用户的心理模型，使用户感受到人性化的设计。

例如图 4-2 的 ELECOM 的无线鼠标 Oppopet。将隐藏的数据接收器设计成动物尾巴的形状，虽然打破了平衡感，却使无趣的鼠标变得有趣。这套设计受到顾客的疯抢，引来了 ELECOM 历史上的市场高潮。

图4-2　人性化设计ELECOM的无线鼠标

4.2
确定设计目标

目标的定义是个人或群体为了某种追求，期望达到的最终结果或境界。在英文中一般用单词 target 或 goal 表示，但两者有所区别。target 表示明确的、具体的目标，如被射击的对象，而 goal 则表示需要经过一番努力奋斗才能获得的结果。设计的目标侧重用 goal 表示目标，可以从如何选择和了解用户两个层面分析。第一步是了解用户的需求与期望，确定用户为实现目标可能采取的行为；第二步是如何满足用户需求，确定产品或系统解决方案。

在设计目标、使用场景和用户目标 3 个因素中，设计目标是最关键的。设计师按照用户对音乐的需求和专业程度分为 3 类人群，如图 4-3 所示，即休闲型、小资型和达人型。休闲型的用户没有明确目的，主要为消遣娱乐；小资型的用户对音乐有较高要求，追求品质；达人型属于音乐发烧友，追求极致的体验。

目标用户	关键词
休闲型	操作简单、懒得发现、流行音乐
小资型	高端、时尚，歌曲种类较多，音质好
达人型	功能专业，音质顶级标准，DJ 推荐等

图4-3　用户目标分析

4.2.1　如何寻找设计目标

例如对一款摄影类手机应用做优化，产品经理给设计师的需求文档包含以下功能和要求：增加滤镜种类；增加批量修改照片的功能；增加自定义调节功能；为同一款滤镜增加不同强度；增加滤镜叠加功能。

在优化任务中，产品经理要求增加一系列功能，这些要求可能来源于竞品和用户，但这些功能是用户的本质需求吗？可以在同类产品中更有竞争力吗？由于之前没有设计师介入，产品经理没有真正地接触用户，因此这些功能更偏向产品经理个人的主观判断。

因此，设计师不要先做设计，而要思考以下问题。既然做优化，说明已经有一定的用户基础。那是不是可以先查阅目前用户的评论和反馈？是不是可以观察身边的人是如何使用的？

以下是较有代表性的用户意见：选择滤镜时左右为难，找不到自己喜欢的滤镜；同一款滤镜是否分为不同强度，如轻度、中度和强度；希望增加滤镜种类；为同一组照片添加相同的滤镜，却很难找出之前使用的滤镜；希望增加自定义调节功能，分别调节照片的亮度、饱和度和对比度；两款滤镜是否可叠加。

通过对它们进行简单分析后发现产品已经提供 12 款滤镜，但用户依然找不到喜欢的，说明滤镜的品质可能欠佳。用户希望增加滤镜种类，可能由于滤镜的差异化较小，品质一般，难满足用户的需要。很难找出上次使用的滤镜，可能因为滤镜的差异化较小。希望增加自定义调节同一款滤镜的不同强度和滤镜叠加等功能，这些都是用户对滤镜个性化的需求。

如图 4-4 所示，设计师针对竞品做简单分析，并查看用户对竞品的评价，询问身边用户对竞品的意见，最后得出如下结论。

大部分竞品提供个性化修改图片的方式；用户更乐于分享个性化修改后的图片，因为能体现自己的风格；用户使用竞品 A 美化照片，再使用竞品 B 分享给好友，竞品 A 的滤镜效果非常有质感，但是竞品 A 没有分享功能。

从简单的竞品分析中可以得出结论，用户需要更个性化、品质更好的滤镜，并且应该突出分享功能。

综上所述，最终得到 4 个设计目标：提升滤镜品质、增加滤镜差异化、增加个性化滤镜和突出分享功能。

反馈的用户意见	提炼的用户本质需求
● 选择滤镜时很纠结，找不到自己喜欢的滤镜 ● 希望增加滤镜种类 ● 想为同一组照片加相同的滤镜，却很难找到上一次使用的滤镜	● 增加各个滤镜间的差异化，改善滤镜的品质
● 同一款滤镜是否可以分为不同强度，如轻度、中度、强度 ● 希望增加自定义调节功能，可以分别调节照片的亮度、饱和度、对比度 ● 两款滤镜是否可以叠加	● 增加可以个性化修改图片的方式

图4-4　竞品分析

4.2.2　如何确定设计目标

确定设计目标使设计师更专注服务特定人群，更容易提升这类用户的满意度，产品更容易获得成功；另一方面，目标用户的特征对使用场景和用户目标有较大影响。因此目标用户的选择非常关键。

1. 如何选择用户

用户选择涉及两个方面，一是用户群体的选择；二是用户数的选择。

对于显性需求，一般可选择直接用户，例如交互式家用智能清洁产品，可以选择中等收入以上的知识分子家庭，如白领、教师和公务员家庭等，因为这类人群工作繁忙，且没有足够的财力聘请家政。对于隐性需求，可以从相关用户中选取，如相关领域专家和营销人员等。

人数选择与选择的用户研究方法有关，对于用户观察或产品评估研究对象一般为5~10人，且用户类型的选择比人数更重要。为了便于表达所选择用户的分布情况，采用表格的形式表示，并称为用户选择矩阵。

2. 需要了解用户什么

了解用户的真实需要与期望，必须走近用户，把用户当老师，设法获得第一手资料。需要了解的内容主要有以下几个方面。

（1）背景：年龄、职业、喜好、学历和经历等。

（2）目标：用户使用产品的目的是什么？用户最终想得到什么结果？

（3）行为：用户与产品之间采取什么样的交互行为达到目标？

（4）场景：用户在什么情况使用系统？

（5）喜好：用户喜欢什么？不喜欢什么？讨厌什么？

（6）习惯：用户的操作或使用习惯，如输入中文信息时，用拼音还是手写，用左手或右手，单手还是双手操作等。阅读习惯、休闲习惯和工作习惯等。

以电子商务网站为例，用户的主要需求是购买心仪的产品，但前提是他们需要先找到想要的产品。在这个过程中，他们的目标可能是明确的（知道自己买什么），也有可能是模糊的（想买钱包，但没想好买什么款式），还有可能没有目标（随便逛逛，看到喜欢的就买）。

目标明确的用户使用产品时会按照流程一步步完成任务，而对于目标不明确的用户，则需要通过更多的展示内容吸引他们。用户被吸引才可能尝试操作，进而完成任务。

例如淘宝的收藏夹和购物车页面（见图4-5），它们的内容是类似的，都包含图片、商品名称和价格等元素。如果按照正常逻辑处理，这2个页面的设计样式应该是类似的，有的网站甚至把这2个页面做成相同的样式。但为什么淘宝的收藏夹和购物车有很大差别呢？

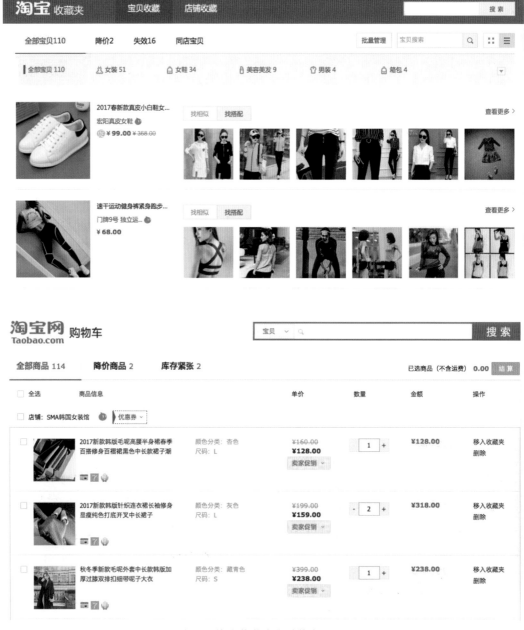

图4-5 淘宝收藏夹和购物车页面

这是因为考虑到用户的使用情境和心理感受。如果用户对商品感兴趣，但不急于购买，倾向把商品放收藏夹中；如果用户的购买意愿较强，就倾向放购物车中。所以收藏夹需要适度地突出图片、评论和人气等内容吸引用户购买；而购物车则应尽量简洁明了，不过多干扰用户，方便用户迅速下单。

　　帮助用户找到想要的商品，信息组织与分类的目的是使信息易于找寻，使有明确目标的用户能快速找到所需信息；不确定目标的用户，通过浏览和寻找，逐步明确所需信息，使没有目标的用户在探索中激发需求。所以互联网产品中信息的组织与分类要满足这 3 种情况。通过合理组织网站承载的信息，帮助用户找到他们真正想要的信息。

　　电子商务网站 eBay 的首页（见图 4-6），明确购买目标的用户，可以通过搜索框快速找到特定商品。对于购买目标模糊的用户，可以使用页面左上方的商品分类，在特定的类别中寻找商品。完全没有目标的用户，则可以浏览最近热销或折扣商品，在闲逛中激发购买需求。

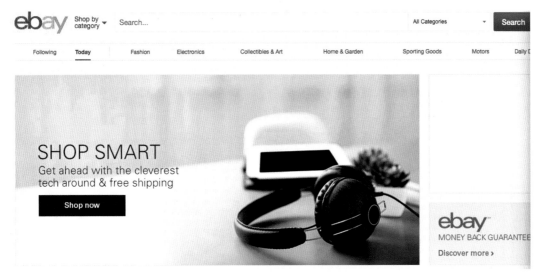

图4-6　电子商务网站eBay首页

　　新闻资讯类网站 BBC 首页（见图 4-7），大部分用户浏览新闻资讯类网站没有明确目的，只想知道最近发生的热门事件。页面的大部分内容为这部分用户提供资讯。希望浏览某一分类下的资讯，或有明确目标想查找具体信息的用户，也可以在页面上找到想要的信息。

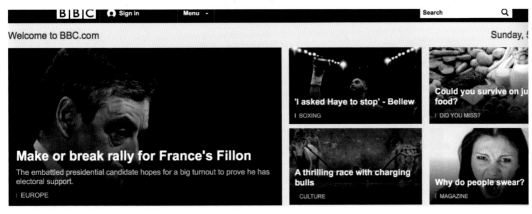

图4-7　新闻资讯网站BBC首页

　　吸引无目标用户。对于无目标或目标不明确的用户来说，我们不能再用理性和逻辑的思维方式对待他们，而是要充分地换位思考，用感性的思维方式给用户营造贴心、友好和有吸引力的界面。

　　例如图 4-8 中新浪微博登录页面，对于有微博账号，想登录微博浏览信息的用户，这个页面的逻辑没有任何问题。页面没有干扰，用户可以快速找到登录框，完成操作。对于没有账号并想注册的用户，页面提供显眼的"立即注册"按钮。对于那些听说过微博，不知道其作用的，或没有账号，想了解但懒得注册的闲逛型用户来说，这个页面的内容无法吸引他们。这部分用户可能因为无法了解更多信息而流失。但是如果有吸引人的信息，他们可能会留下来，并注册成活跃用户。

图4-8　新浪微博登录页面

　　如图 4-9 所示为知乎登录页面，在页面最显眼的地方提供登录框，页面下方推荐高质量用户和热门话题的回复，使用户没有注册时也对网站内容略知一二。从产品逻辑来说，登录页面的任务是让用户登录，一个简单的登录框可以完成任务。如果严格遵守产品逻辑，内容推荐也许不会出现在页面上，无目标用户很难被吸引。

图4-9　知乎登录页面

　　在设计过程中，设计师应该充分考虑用户如何理解产品，并在交互设计的表现形式上更贴近用户的心理模型，避免将枯燥的逻辑直接呈现给用户。

　　例如两款天气类应用（见图 4-10），从逻辑上看，右边的应用似乎更加清晰，用最大的数字表示今天的天气情况，用列表展示未来几天的天气预报，用户理解应该不存在任何问题。用户看到这个界面的时候，虽然通过温度的数字对比出近几天的温度，但感受没有那么直接。而左边的应用，通过颜色的变化和数字的高低，使用户直观地感受天气的变化趋势。仔细观察可以发现界面背景有向下波动的波纹，使用户更加贴切地感受

图4-10　两款天气类应用

气温是下降的。

　　用户不仅理性而且感性。这种特性导致用户的目标、期望、行为习惯等和逻辑存在冲突。过于关注逻辑可能使设计偏离用户目标，导致易用性受影响。逻辑正确的设计可以保证产品是可用的，只是未必易用。在关注用户目标的基础上，逻辑要合理，不要过于追求逻辑的完美，平衡好用户情感与界面逻辑的关系才能设计出友好而易用的界面。

　　作为设计师，特别是在以用户为中心的设计领域，工作之一是帮助用户，让他们明白他们到底想要什么。这不仅仅是让他们知道他们希望制造什么，而且还让他们明白为什么需要这样做。他们是希望赚更多的钱、获得更多的用户或只是制造更多反响。设计师把这方面的需求叫商业目标。

4.2.3　根据设计目标定义设计需求

　　首先，通过和产品经理一起讨论并整理思路，最终一致认为对于用户来说，滤镜的品质是第一位的，如果品质不好，差异化即使明显也没有用。其次，滤镜的差异化使用户容易找到自己喜欢的滤镜。个性化功能排在第三位是因为使用这类功能的用户专业度较高，人数相对少。最后突出分享功能，因为只有前面做好了，用户才愿意分享。

　　综合前面的所有观点，得到设计目标，优先级以及对应的设计需求（见图 4-11）。

设计目标	设计需求
● 提高滤镜的品质	考虑受用户喜爱的滤镜类型，改进现有滤镜
● 增加各个滤镜间的差异化	去掉一些不受欢迎、差异化不大的滤镜；增加高品质、有特点的滤镜
● 增加个性化修改图片的方式	增加自定义调节功能，为同一款滤镜增加不同强度，增加滤镜叠加功能……
● 突出分享功能	在用户确定完成对图片的修改后，立即提示用户是否分享

图4-11　设计目标及设计需求

4.3
设计需求定义过程

设计需求定义的过程要求设计师不断做出选择，例如选择使用一种字体而不用另一种。设计的选择包括加入元素种类的选择，这些元素如何呈现信息与功能需要被考虑。但是设计师应该如何做出选择呢？这难道仅仅是依靠直觉吗？还是根据用户的喜好决定？公司老板为设计师的独特观点雇用员工，但是老板更希望员工能够以一种更易被大众接受的方式将设计师的创意付诸实施。公司老板希望设计师根据用户身份以及他们特殊的需求和目的进行设计的选择。设计师为老板所做的工作是帮助他们取得进一步的成功，赚更多的钱，获得更多的用户，使设计传达的信息更加明确，提供更出色的用户体验。

设计师要理解公司老板和用户的需要，并对其重要性进行排序，最后在设计时才能做出正确的选择。区分目标的优先与否能够帮助设计师做出决断，调解争端，并帮助设计师判断产品的设计完成度。

（1）用户访谈（焦点小组）：有针对性地选择多个用户（8~12个）进行访谈，根据访谈要点面对面交流与沟通。时间一般在1~2小时。访谈分以下几种情况。

① 访问用户指了解用户使用产品的动机与期望；使用产品的时间、地点、情景和方式；完成预定目标的情况；对产品的评价和意见等。

② 访问主题专家（subject matter expert，SME）包括专家级用户或某一领域的专家，从中了解对现有产品的改进意见、有关专业知识和新的需求等。

③ 访问管理人员、市场部人员和研发人员等当事人，从中了解他们对新产品的看法、上市时间以及约束条件等。

（2）用户观察指利用记录、拍照、视频或录音等技术手段获取用户使用现有产品或新产品原型的行为或语言等信息。由于用户所说的并不一定是他们真正的需求，尤其是中国用户受文化的影响，一般不会直接、真诚和准确地说出自己的想法，所以采用行为观察是一种极为有效的方式。

用户观察的目的是了解用户真正的想法，避免出现言行不一致的情况，因此，在实践中要根据研究目标和实际情况，选择合适的观察方式和观察者角色。必要时可借助眼动分析和行为分析等技术手段。

（3）文献研究指查阅与产品系统有关的文献，包括产品市场规划、品牌策略、市场研究、用户调查、技术规范白皮书、本领域业务和技术期刊文献等。特别要充分利用互联网搜索引擎及图书馆电子文献资源等获取最新信息。

（4）竞品分析指对现有产品以及主要竞争对手的产品进行分析。可采用图表的形式表达，如逐项列出用户需求，再根据用户需求，分别与竞争对手的产品进行比较。找到有代表性的同类产品，对比产品之间的优势和劣势，从而发现产品的突破口。竞品分析可以根据规划进行，也可以根据功能和设计细节进行，这取决于项目情况和需要。在竞品分析的过程中，设计师可以研究对手是怎么拟定产品战略，怎么做用户体验，怎么处理逻辑、界面层级和界面细节等。好的方面可以借鉴，不好的方面可以超越。竞品分析提供的内容是重要的需求来源之一。

（5）德尔菲法（专家意见法）指采用背对背的通信方式征询专家小组成员的预测意

见，经过几轮征询，使专家小组的预测意见趋于集中，最后做出符合市场未来发展趋势的预测结论的研究方法。

(6) 调查法指为了达到设想的目的，制订某一计划全面或比较全面地收集研究对象的某一方面情况的各种材料，并进行分析、综合，得到某一结论的研究方法，包括问卷调查和电话调查等。

4.4
推荐阅读

1.《探索需求——设计前的质量》

【作者】 唐纳德·高斯，杰拉尔德·温伯格。

【出版社】 清华大学出版社。

【内容简介】 《探索需求——设计前的质量》（见图4-12）着眼于系统设计之前的需求过程，它是整个开发过程（如何设计人们想要的产品和系统）中最有挑战性的部分。通过对需求分析中的常见误区和问题的分析和讨论，从和客户沟通开始，深入研究一些可能的需求，澄清用户和开发者期望值，最终给出能够大幅度提高项目成功概率的一些建议方法。

图4-12 《探索需求-设计前的质量》

2.《赢在用户》

【作者】 Steve Mulder，Zivv Yarr。

【出版社】 机械工业出版社。

【内容简介】 如何保证设计师的网站给予用户所需要的信息并对设计师产生商业成果？需要了解谁是设计师的用户，他们的用户的目标、行为和观点是什么，还要把他们的需求当成第一要务。人物角色将用户研究带入了一个更高的境界，成为实施真正以用户为中心的在线商业策略最高效的工具。《赢在用户》（见图 4-13）伴随读者走过创建人物角色的每一个步骤，包括进行定性、定量的用户研究，生成人物角色分类，使人物角色真实可信等。读者将学会如何有效地通过这个工具，来完成从指导总体商业策略，到确定信息架构、内容和设计等细节的整个过程。

图4-13 《赢在用户》

课程作业

选择一款自己喜欢的 APP，分析其设计需求是如何一步步建立的。

第 5 章

设计研究

5.1
设计研究的概念

　　设计研究是一种在欧美较早被跨国公司采用的新领域研究方法，用于发掘用户的潜在需求，以协助产品服务的创新和新市场的开拓。用户研究的首要目的是帮助企业定义产品的目标用户群，明确和细化产品概念，并通过对用户的任务操作特性，知觉特征和认知心理特征的研究，使用户的实际需求成为产品设计的导向，使产品更符合用户的习惯，经验和期待。

5.2
设计研究的目的

5.2.1　实用

　　一般来说，设计师在构思某个方案的时候，常常从功能和实用的角度解决用户的需求。例如第一部摩托罗拉手机，造型像一块砖头，但它使用户摆脱电话线的束缚，自由地给某个固定地点打电话。每一个技术创新都是从功能层面开始的。

　　例如著名的问答网站 Quora（见图 5-1），在用户打开网站准备登录时，界面的输入框内提示账号的类型是电子邮箱。用户可能注册过很多网站，每个网站有不同的用户

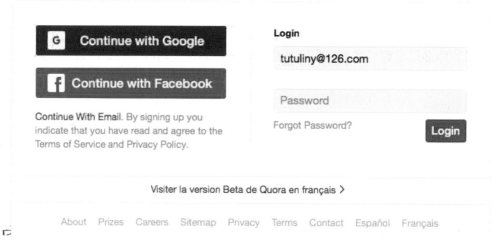

图5-1　Quora登录界面

名，但通常用户的邮箱数量不多。提示账号类型虽然是一个不起眼的细节，但可以帮助用户快速地输入账号。当输入邮箱地址后，Quora 会及时校验此邮箱是否被注册过。如果用户输入的邮箱地址有误，登录框会显示此邮箱没有被注册，并提供一个可以马上注册的链接入口。如果输入的邮箱显示已被注册，输入框前会直接显示用户头像，以一种可视化的方式帮助用户确认登录信息，并在密码输入框的下方提供找回密码的链接。这样，用户在登录时会清楚知道输入的账号尚未被注册，或者注册过但忘记密码。这种人性化的提醒方式帮助用户解决很多登陆过程中遇到的问题。

除了运用文字直接提醒用户之外，还可以通过界面元素状态的改变给予用户提醒。例如很多新闻阅读类客户端改变已读文章的颜色，降低其饱和度，使用户不要过多关注已经阅读过的内容。在 iOS 7 中，最新更新的应用名称前方会出现一个小蓝点，提示用户哪些应用是更新过的。在电子邮件客户端 Seed 中，未读邮件会被绿色的竖条和圆点明显标出，提醒用户这些消息还没有被阅读。这些小的状态改变，可以降低用户的认知负担，提醒用户哪些是可以快速掠过的内容，哪些是需要关注的重要信息。

通过改变状态提醒用户示例如图 5-2 所示。

图5-2　通过改变状态提醒用户示例

5.2.2　可靠

设计师必须考虑可靠性。它可以指服务的可靠性（高质量的正常运行时间），也可以指数据的完整性。例如用户在一个旅游网站买票，票价信息应当是最新的、最可靠的。网站应当确保其数据来源可靠，随时可用。如果网站，特别是拥有私人信息的网站失去了可靠性，用户会大量流失。

5.2.3　可用和易用

有些设计非常简洁，但用户使用难度非常大。Linux 的命令行是一个典型的例子。它的界面十分简洁，简单的命令组合起来完成各种复杂的操作。但是如果想用好 Linux，用户必须知道在什么时间进行何种操作，对于普通用户来说使用门槛高，难度相当大。

简单地使用户做一件事是不够的，还必须确保这件事不难做。这里涉及两个级别——可用和易用。可用和易用都可以让某个产品使用更方便，但就经验来看，大多数研究"可用"的小组专注用户体验的需求等级模型。从底部到顶部是基本的产品进化过程；从顶部到底部是用户拥有的体验从优到劣的排列——从优化存在的问题到清除原有的障碍。研究"易用"的小组喜欢提问——是否有更自然地解决问题的方式？MapQuest设计和Google Maps设计（见图5-3）是对比这两种方式的最佳范例。MapQuest具有完美的可用性，但Google Maps通过可拖动的界面，真实的原理和其他更自然的操作方式，让用户与地图数据的交互更方便。

图5-3　MapQuest设计和GoogleMaps设计

极简设计要求用户使用时操作的界面更简洁。

无阻设计要求用户使用时花费的力气更少。

在外行人眼中，越简洁的设计看起来越高端。但极简常常导致更高的使用阻力。例如一扇没有把手且只能往一个方向开的门看起来很简洁，但门把手却是用户判断该推或拉的依据。

过于复杂的产品会产生另一些问题。例如一家公司提供的产品或服务超出了市场的需要，会出现一个更简单、功能更少和价格更低的竞争者分走市场份额。现在市面上最流行的APP大多是免费的，所以竞争者不可能通过低价打击对手，而是通过更加简单易用的产品吸引那些不需要特别多功能的用户。

总之，降低使用时的阻力对于产品开发者来说至关重要。在当下的市场环境中，开发一款简洁同时易用的产品回报更高，更容易开拓新的市场，即使竞争对手开发的功能更多。

1. 简化复杂的操作

例如下班后，想回家前买一包巧克力，你是会选择大超市还是小区楼下的便利店呢？

如果没有明确的目标，大多数人肯定会选择便利店。在大型超市中，顾客首先要到买食品的相应楼层，其次需要在琳琅满目的各式商品中先找到零食区，之后在各个品牌的巧克力中进行挑选，最后排队结账。在购买的过程中，顾客可能被随意放置的购物车拦住去路，小心翼翼地走过生鲜区湿漉漉的地面，在结账时排20分钟的队才发现这个窗口只收现金不能刷卡。

在便利店中，顾客不需要寻找食品区，免去上楼下楼的步骤。由于没有那么多商品种类，干扰项大大减少。顾客进便利店能一眼扫视店里的货物摆放，并轻松找到销售人员。如果懒得自己挑选，还可以向销售人员寻求帮助。顾客不会被凌乱放置的购物车阻拦，不用路过生鲜区，不需要排队，可快速直接地购买喜欢的商品。由此可见，生活中处处存在简化复杂流程的案例。

可以看出，通过减少干扰项、转移复杂操作、简化操作方式和优化操作过程等方法，都可以简化复杂操作。

2. 减少多余步骤和干扰项

人们在处理信息，学习规程和记忆细节等方面的能力是有限的。选项越多，步骤越长，用户需要耗费的注意力和理解力就越多。用户面临的选择越多，需要做出决策的时间就越长。复杂的操作流程，往往来源于多余的步骤和干扰项。

如图 5-4 所示，从左至右分别是微信付款和支付宝付款的界面。两个界面都让用户输入六位数密码，唯一的区别在于支付宝在输入密码后，要点击确定才能支付，而微信输入密码后直接支付。虽然只是一个操作的小差异，但在感受上，觉得微信的体验更流畅。

顾客在团购时经常用团购导航网站。这类网站聚合了不同团购网站的商品，在团购导航网站的列表页点击某一商品时会跳转到该导航网站的详情页。里面提供团购商品的简介，但是没有提供更多详情。如果顾客要团购一份双人晚餐，只知道商家和价格显然不够，还需要知道具体配菜、餐馆的地址、有无消费限制和是否需要预约等信息。这些信息会影响顾客是否购买。除此之外，还要点击导航网站详情页的"去看看"按钮，跳转到购买产品的团购详情页。而有些团购导航网站，当用户在列表页点击某一商品后，会直接跳转到最后需要购买商品的页面，省去中间多余的步骤。

团购导航网站使用流程示例如图 5-5 所示。

多一次跳转，意味着多一次注意力的转移，多阅读和理解一个页面的信息。减少一个不必要的步骤，会使用户操作觉得轻松。

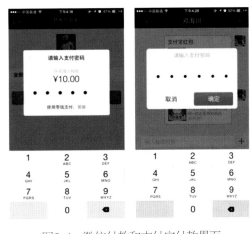

图5-4 微信付款和支付宝付款界面

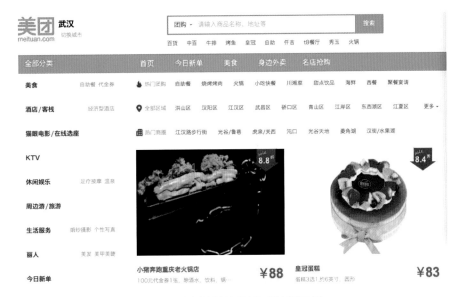

图5-5 团购导航网站使用流程示例

续图5-5

提供很多选项看似给用户更多选择，让他们掌控局面，但如果超过一定的界限，特别在很多选择类似的情况下，反而给用户造成负担。

图5-6为两款闹钟应用，左边一款提供了强大的功能，例如设置闹钟时有很多重复方式，包括每天，每周的特定日子和节假日分组等。右边一款只能简单地选择一周中的特定日期。如果你是用户，你会喜欢哪一款呢？

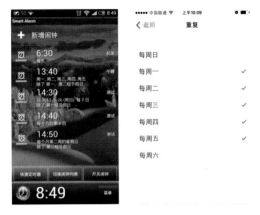

图5-6 闹钟界面图

设置左边的一款闹钟使用户抓狂，因为如此多的选项使用户无所适从，降低了操作效率。并且界面上的"起床闹钟"，"午睡闹钟"和"下班闹钟"的提示显得鸡肋。对于用户而言，只需要闹钟在预设的时间准时响起就可以。右边的闹钟应用简单明了，操作更容易。

3. 将复杂操作转移给系统

每一个过程都有其固有的复杂性。无论在产品开发环节还是在用户与产品的交互环节，这一固有的复杂性都无法依照我们的意愿消失，而只能设法调整和平衡。复杂性存在一个临界点。超过了这个点，过程就无法再简化。固有的复杂性将从一个地方转移到另一个地方。比如想要做菜就一定要洗菜和切菜，这个复杂过程无法跳过。但我们可以购买洗好和切好的蔬菜，将复杂转移给商家。

在交互设计中，如果已经到了这个临界点怎么办？我们可以将复杂操作从用户转移给系统，让机器代替用户进行操作。

在 Google Maps（见图 5-7）中，如果用户想查询路线，就一定要输入起点和终点，这是无法省略的过程。但是在查询路线时，Google Maps 会利用定位功能自动将起点定位为"我的位置"，减少用户的操作。

其实，将复杂操作转移给系统，让机器变得更智能。这是科技发展以来人们一直在做的一件事。无论是记录用户名和密码，自动识别用户 IP 所在的城市，自动补全等常见的交互设计细节， Google Maps 智能眼镜和可以自动驾驶的智能汽车等高科技产品等都是通过增加工程师的工作量，将复杂转移给系统的形式，使软件变得更加简单好用，减少数以万计用户的额外付出。

图5-7 Google Maps

4. 简化操作流程

例如功能手机和智能手机（见图 5-8），几年前用户使用诺基亚功能机时，选择一个功能，需要方向键上，下，左，右来回移动。当焦点移动到需要的功能时，再按下确认键。而现在，用户使用智能手机，只需要用手指点击需要的应用即可，大大简化了操作流程。

以前用户在浏览网页时，看到一个想了解更多的名词会怎么做呢？例如在一篇文章中看到一本书，叫《超级整理术》，用户不清楚这本书的主要内容，于是选中这个名词，点击鼠标右键复制，在浏览器中

图5-8 功能手机和智能手机

新建一个标签页，打开 Google，在搜索栏中右键粘贴，点击搜索按钮。经过一系列的操作后，在搜索结果页中看到关于这本书的简介，评价和购买信息等。其实整个过程只耗费几十秒。但在使用 Chrome 浏览器时，在复制操作的下方，有一个用 Google 搜索的选项（见图5-9），点击这一项，浏览器会自动弹出标签页，显示搜索的结果。选中—右键复制—新建窗口—打开网站—粘贴—搜索，这一复杂的过程变成选中—右键点击 Google 搜索，只需两步即可完成。

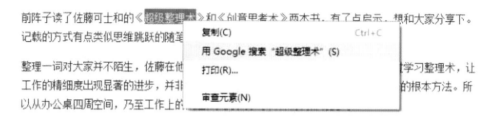

图5-9 Google搜索

根据 Windows 和 Mac OS 安装应用程序示例（见图 5-10），回忆安装应用程序时 Windows 系统是怎么做的？让用户阅读安装许可协议，选择安装在哪个盘中，不停地点击下一步，还有很多高级选项需要琢磨和修改，而在 Mac OS 系统下，用户仅需要简单地拖拽，将应用图标拖到 Application 文件夹中即可完成应用程序的安装。也许没用过 Mac OS 的用户永远不觉得在 Windows 中安装软件是件麻烦的事，因为已经习以为常了。但一旦用过这种简单直接的安装方式，便会由衷喜欢它。

图5-10 Windows和Mac OS安装应用程序示例

5. 优化操作过程

上大学的时候，使用学校教务处系统是一种煎熬。当填完一个长长的表单，认真核实所填的学生信息，填好验证码，点击提交后，系统提示验证码填写错误，之前填写的信息被全部清空。用户需要再次填写表单。此次填写会比第一次更加小心翼翼，但是填完后再次出现弹框，并告知填写学号需要区分大小写，关掉错误提示后又是一次清空。

操作中得不到反馈，发生错误后重新填写，这比操作流程的多余更加可怕。这些细节的不足，增加了操作的复杂性。用户本来只需填写一次表单，在填写错误时只需修改一个选项，可是由于设计不足，用户需要反复填写两次甚至三次表单，大大增加操作的复杂性。界面中各种小细节的不足，就像公路上的减速带，会降低用户的效率。

如图 5-11 的表单示例，提供合适的首选项、适时帮助、及时反馈和提供合理的默认值等，这些细节的优化，可以帮助用户降低出错率，使他们能够更快、更流畅地完成任务。

合适的首选项

适时帮助

及时反馈

提供默认值

图5-11　表单示例

如图 5-12 所示 iPad 在更新系统时的提示，会提前检测用户的电量。如果电量不足以支撑完成更新，会提示用户将 iPad 插上电源更新。试想一下，如果没有这个提醒会怎样呢？用户花大量的时间下载更新，安装到一半时却因为没电而关机，用户需要连接电源重新更新。更新的过程虽然没有多余的步骤，但因为缺少预先提示而导致的重复操作也会使操作流程变复杂。

图5-12　iPad更新系统时的提示

简化复杂操作流程而获益的产品比比皆是。例如快捷支付使支付类应用的成功率大大提高，手机快速注册使社交网站账号注册转化率提升。如果一款产品以简化使用流程为初衷进行交互设计，给用户一个简便直接的操作流程，用户必然会喜欢。

5.2.4　令人心动

上一级的易用专注认知层面，这一级（令人愉悦）则专注情感和情绪。如何使某个事物从情感上对人具有吸引力且令人难忘？设计师需通过运用亲切的语言，加入幽默元素以及激发人的好奇心，创造流畅的体验，平衡游戏机制等其他类似策略就能达到这个目的。

1. 互动的乐趣

人类是社会化的动物，在意情感的双向表达。在使用互联网产品的时候，人们希望可以体验互动的乐趣，而不是单向地接收信息。无论是灵动的交互动画，操作后的反馈效果，误操作时的提示，还是像对话一样亲切的文案，都是机器和用户互动的结果。应该让用户感觉到，他们的一点一滴都能被系统感知，满足用户的参与感和被尊重感。利用互动因素可以极大提升用户界面的趣味性，调动用户的情感。

丰富的动效可以使界面更加生动、充满活力和提升产品的品质。Path2.0（见图5-13）刚刚上线的时候，点击左下角的小加号，新颖的导航形式和动态效果令人爱不释手，总忍不住多点几下。

图5-13　Path2.0

图5-14　生动有趣的404页面示例

人们不喜欢冷冰冰的机器，而喜欢和人交谈。想想最早的DOS命令界面，再看看如今的界面设计，机器与用户的对话方式更加自然化和情感化。这些令我们感到舒服的产品细节，都让我们有一种与朋友互动的感觉。这些亲切友好的互动方式，充分考虑用户的心理感受，相比冷冰冰的界面和话语，更能得到用户的好感。

生动有趣的404页面示例如图5-14所示。

在淘宝触屏版中，用户将商品添加到购物车，点击之后有一个小汽车从屏幕右边滑出，将商品运送到界面左下角的"淘+"。随即，"淘"字变为购物车的图案，在屏幕上抖动几下，积极有趣的反馈方式令用户觉得操作得到充分的响应，希望与界面互动的情感得到了满足。

2. 惊喜的力量

惊喜通常会令用户开心，因为这是超出预期的体验。有些网站在小角落中隐藏小惊喜。这些惊喜虽然在功能方面没有实际的用处，但用户偶然发现后，会增添一份特殊的喜悦和乐趣。这些惊喜还可以引发用户的好奇心，增强他们的探索欲望。例如小时候玩超级玛丽游戏，误打误撞顶到隐形蘑菇时感到惊喜，之后每次玩，会再去相同的地方寻找那个隐形的蘑菇。

微信中有很多让人津津乐道的彩蛋（见图 5-15）。在聊天时发送特定关键词，会触发一些绚丽的背景特效。这些彩蛋并不是固定的。会在特殊的日子根据特定事件为用户送去新的彩蛋，在不打扰用户的情况下给他们带来一些小惊喜。

图5-15 微信彩蛋

在某一年的圣诞节，Google 在搜索中隐藏了一些小乐趣。虽然天气不受控制，浪漫的圣诞节不一定能下雪，但在 Google 中搜索 Let It Snow，屏幕上会飘起雪花，非常有圣诞的气氛。随着越来越多的雪花飘落，屏幕上会结霜。此时，用户可以用鼠标在屏幕上作画，就像在结了霜的窗户上作画。

这些令人惊喜的小细节，使用户深深记住这些产品，记住这些带来愉悦感受的美好体验并将这些体验分享给他人。

3. 情境的烘托

为产品设计一个故事情节，通过视觉，动画和音效的烘托，把用户带入一个情境中。这种讲故事的方式可以很有趣味性，也可以很感人，能有效吸引用户的注意力，调动用户的情感。

情境烘托很适合用在活动页面的设计中。活动页面一般都有较大的空间设置一个完整的故事。如果选择人们比较有共性的经历，就很容易勾起用户的回忆。

如图 5-16 的 Ben The Bodyguard 是一款保护手机隐私数据的 iPhone 应用。产品设定了一个手机私家保镖 Ben 的角色，让他时刻保护着手机的安全。这款产品的 Web 官方介绍页面让这名私家保镖穿梭在黑暗的街道上，他会一边行走一边告诉用户现在是一个危险的时代，如果有一天手机被抢了，手机中的秘密将会公之于众，无论是照片，密码还是其他。随着故事情节的发展，用户不自觉地沉浸其中，慢慢了解这款应用的功能特色。

图5-16 Ben The Bodyguard

4. 意义深远

最高级的是意义深远。设计师不可能使一个产品对用户来说意义深远——意义是很个人和很主观的。不过若围绕产品或服务的体验引导用户群的信念，同时关注前面所提及的各个级别，设计师就可以为意义而设计。

优秀的公司知道如何编一个让人们相信的故事。迪斯尼乐园里面不是只有游乐设施，苹果公司不仅仅生产电子产品，健康食品公司（whole foods）不仅仅销售食品。这些著名品牌都不局限于某种特殊的产品或服务。

5.3
设计研究的意义

5.3.1 用户价值，商业价值

对于一个拥有百万级用户的产品，如果用户通过优秀的设计能更快速地完成目标和任务，那么这个产品为用户、为社会创造的价值有多大？如果通过优秀的设计能让每一个用户感到惊喜和快乐，那么这个产品为社会创造了多大的价值和财富呢？如果产品受用户的喜爱，给用户带来了价值，企业自然会财源滚滚。追求完美的苹果公司发布的几款产品，可以说改变了世界。

在日常工作中我们经常看到这样的例子：改变一个按钮的颜色，点击率可能提升35％；优化操作流程，转化率可能提升50％。专业的用户体验设计产生的神奇结果无须多言。

5.3.2 项目价值

设计研究的创意和想法离不开团队成员的支持，否则再好的想法也难以实施。好的设计研究在项目中具备足够的影响力，能够充分组织、调动和协助好其他的角色。设计研究的存在既保证了良好的产品体验，又能使项目顺利、有序进行，对提升项目质量和效率都起到了积极的作用。

5.4
设计研究的方法

5.4.1 观察法

1. 观察法的意义与种类

观察是指设计师亲自看用户与环境和与物交互时的表现和行为。当用户讲述自己与产品之间发生交互行为的时候，有的设计师为了连贯的描述略去很多细节，而这些细节往往是最有趣的方面，确切地说是产品发生故事的地方。找到故事及故事中发生的行为和需求，就找到了设计的切入点。所以，在设计的前期设计师要用观察而不是访问或是问卷。

观察按照不同的维度大约可分为参与式与非参与式，侵入式与非侵入式，自然式与人为式，伪装式与非伪装式，有组织与无组织，直接与间接等种类。

有时设计师可能同时用多种观察法，例如在可用性测试中，处在操作室负责引导用户的研究员和单反玻璃后的研究员，他们的行为就是直接观察；而后期分析过程中，重新查看摄录的操作录像记录，属于间接观察。

2. 深入跟踪观察法与如影随形观察法

观察法本身是一个大体系，在此基础上通过对不同观察类型的组合衍生若干有特色的观察法。这些不同维度的观察方式可以根据项目的实际情况进行优化和配合。例如英特尔公司的深入跟踪法和 IDEO 的如影随形观察法都是很有意思和应用价值的观察法。

深入跟踪观察法由英特尔公司的用户研究员提出，其重要内容包括有组织的观察，收集实物和成为用户 3 个部分。但是研究人员不会和用户交谈，不发问卷调查，不分享设计方案。在深入观察的过程中，研究人员应尽量收集每一个实物，包括用户用来帮助完成任务的工具，或者他们在完成任务后产生的东西，这些都非常有价值。

如影随形观察法。尾随用户，观察他们的日常生活。因为这有助于揭示设计机会和展现产品怎样影响用户的行为。 IDEO 团队曾有一个陪同卡车司机的项目，目的在于弄清防瞌睡装置对司机行车时的作用和影响。

3. 带着问题观察

带着问题观察是仔细观察与临时适当的追问的结合。观察不是静静站在用户后面像个摄像机那样一直记录。摄像机远比人要做得好。观察是一个带着问题并思考的过程，对于有疑惑的地方要在适当的时候追问被观察的对象。带着问题观察，不只是看用户在做什么，更重要的是理解是什么原因引起了这样的行为。

5.4.2　访谈法

1. 访谈法的意义与种类

访谈法（interview survey），是指研究员通过与受访人面对面地交谈了解被访者的观点和态度的心理学基本研究方法。与观察法相比，访谈法应用更广，从谈话类节目到应聘求职中的面试，从教育调查到心理咨询等，访谈法的运用无处不在。用户研究中的访谈法和生活中的谈话是一回事吗？两者有什么区别呢？生活中的谈话更倾向于非正式的谈话，没有明确的目的，随意性较强；而研究意义上的访谈是一种有目的，有计划，有准备和有深度的谈话，针对性强，访谈过程紧紧围绕某个主题。

访谈法具有较好的灵活性和适应性，并且能够简单直接地收集多方面的工作分析资料（即使被访者阅读困难或不善于文字表达）。如果观察法的强调更适合对行为的研究，那么访谈法则更适合对人们观点，态度和意向的采集。

访谈法可以进一步分为结构化，非结构化和半结构化；一对一和焦点小组；直接和间接访谈 3 种类型。

2. 深度访谈法

访谈法也是一种大体系，其类型多种多样，一个访谈可能同属于两种类型，比如有时直接访谈同时是一对一的非结构化访谈，焦点小组访谈也同时是结构化访谈。应用时可根据具体需要扬长避短，灵活运用，而深度访谈法是一个综合类型的访谈方法。

深度访谈法是一种非结构化的，直接的和个人的访谈，指在访问过程中，一个掌握高级技巧的研究员深入地访谈一个被调查者，以揭示对某一问题的潜在动机，信念，态度和感情，从而获取对问题的理解和深层了解的探索性研究。

5.5 推荐阅读

1.《交互设计沉思录》

【作者】 Jon Kolko。

【出版社】 机械工业出版社。

【内容简介】《交互设计沉思录》（见图 5-17）由交互设计领域的思想领袖 Jon Kolko 所著，是交互设计领域的里程碑之作。本书完美地将当代设计理论和研究成果融入交互设计实践中，将对交互设计的阐释和分析推向了新的高度。本书重点阐释了对交互设计领域的理解和洞察，以及人与科技之间的联系。作者通过引人入胜的内容实现对设计师的教化，帮助设计师教化商业人士，同时确立交互设计在商业领域中的地位。

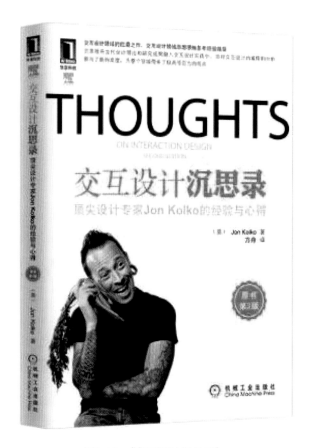

图5-17 《交互设计沉思录》

2. 《简约至上》

【作者】 Giles Colborne。

【出版社】 人民邮电出版社。

【内容简介】 《简约至上》（见图 5-18）囊括了作者 Giles 20 多年交互式设计的探索与实践经验。提出了合理删除、分层组织、适时隐藏和巧妙转移这四个达成简约至上的终极策略，讲述了为什么应该站在主流用户一边，以及如何从他们的真实需求和期望出发，简化设计，提升易用性。创造出卓尔不群、历久弥新的用户体验。

图5-18 《简约至上》

课程作业

（1）为什么说满足用户需求是相对的而不是绝对的？举例说明。

（2）以互动电视界面设计为例，分析说明设计需求和设计阶段的具体操作实施细则。

第 **6** 章

交互设计行为

6.1
交互设计行为概念

在交互设计语境下的用户体验是用户使用某类产品的体验，与体验经济时代的营销体验的差异在于目的不同。营销体验注重通过特定的体验场景，激发客户的购买欲望，是用户确定购买产品或服务前的一种行为；对产品的体验则特指用户对已拥有产品在使用过程中或接受服务的环节中的感受，或对这一经历的情感回忆。无论是人为营造场景的体验抑或是真实自然场景的体验，均与体验的主角——用户的行动有关，而行为则是最基本的活动要素。

6.1.1 行为的概念与要素

"行为"一词有多种解释，可以指意识支配的主题活动，如学习行为、工作行为、消费行为和娱乐行为等；也可以认为是受外界刺激而引发的被动反应，如突然受冷、热和痛等刺激的条件反射等；还可以理解为一种意识和思维等他人无法直接观察到的心理活动；甚至还可以反映人的品质，如行为举止、行径、品行和言行等。从自然界中的低等动物到具有思维、推理和判断能力的高等动物的一切活动，总是与行为相关。对于人的行为来说，主要可分为有意识的行为和无意识的行为两大类。

1. 有意识的行为

有意识的行为是受思维和目标导向控制的行为，具有主动性和积极性，如学习、工作、购物、锻炼以及使用产品完成预定目标的形形色色的行为。

2. 无意识的行为

无意识的行为是一种本能的、不受思维控制的行为，即下意识行为。这种行为与人的背景、经历和经验相关，是一种不自觉的行为，是对外界刺激的反应或情感的自然流露。如遇到有人面对你招手时，会不自觉地回应，即使是陌生人也会这样；在国外，路过无信号灯的人行道与交叉路口时，我们会自觉停下来让车先行，当车停下来时，才会明白，原来这里是行人优先。

无意识行为产生的多数人类行为是意识无法察觉到的。生理需求和心理欲望产生相应的行为，无意识行为同样源自生理需求和心理欲望。长期的社会生活也会产生无意识行为，通常称生活习惯，它受生活环境和知识结构等因素影响。无意识行为产生过程极快，并且具有隐蔽性。分析报告指出，如果将人类的整个意识比喻成一座冰山，浮出水面的部分属于显性意识的范围，约占意识的5%，而95%隐藏在冰山底下的属于无意识的范畴。

用户的无意识行为反映的是用户最真实的内心需求。无意识行为的来源是本能和习惯，而后天养成的习惯是人自然的趋向。设计师可以通过观察用户的无意识行为获取用户的真正需求。

启发设计师找到更自然的交互方式顺应人的无意识行为的交互方式，使用户通过第一反应操作，即可达到目标。产品设计最好的用户体验，是用户在使用产品时仅通过习惯性行为就能进行正确操作。拉灯线开关的动作被设计师深泽直人先生运用在音乐播放

器的开关设计上。用户拉一下开关，音乐播
放，用户再次拉一下开关音乐停止播放。锤
子 T1 手机擦拭屏幕即可去除角标的操作，
就像人们看到屏幕上的污渍就想擦掉的动
作，使用不仅十分自然，而且多了一分感
动。另外，无意识行为的触发需要一定的动
机和环境，因此为了避免危险的无意识行为
触发，人为消灭它的触发条件，以此防止这
些行为带来的伤害。例如司机在开车过程中
使用的导航系统，语音输入的方式比手动输
入的方式安全。因为手动输入必将占用司机
的注意力，造成视线转移，而语音输入则可
以兼顾输入信息和判断路况，并且不需要眼
睛观察屏幕，从而避免车祸。人可以用语音、
手势、表情、眼神和肢体语言等日常生活中
相互交流的信息输入方式与机器进行交互。

　　豆瓣读书（见图 6-1）的用户体验非常
好，每个设计都和"环境"非常和谐，若把
读书比作"环境"，这个页面中，用户可以
看简介、作者和相关价格。并能通过用户对
书的打分和评价对书做初步的判断。左侧信
息设计与书本身密切相关。右侧的信息设计
则扩展用户的下一步行为：购书、推荐标
签、同好、相关小组和活动推荐。

　　整个读书环境和谐自然，用户不会因为
单纯了解一本书后关闭网页，他们下意识看
更多推荐，并认识志同道合的朋友。

　　好的交互在设计最初就要求设计师能够

图6-1　豆瓣读书界面设计

换位思考，站在用户的角度感知用户的需求，以用户为中心，充分考虑用户的使用情
境，为用户营造一个熟悉的氛围，也就是要求设计师的表现模型尽可能接近用户的心理
模型。

6.1.2　交互行为

　　交互行为特指在交互系统中用户与产品之间的行为，主要包括两个方面。首先是用
户在使用产品过程中的一系列行为，如信息输入、检索、选择和操控等。其次是产品行
为，如语音、阻尼、图像和位置跟踪等对用户操作的反馈行为，产品对环境的感知行为等。

　　一方面，与一般意义的行为相比，交互设计行为的主体和客体是可以相互交换的，
主体和客体既可以是用户也可以是产品。例如对个体使用的交互系统来说，用户与产品
之间的交互过程是双向的，对产品操作时的行为主体是用户，客体是产品；对用户操作
的反馈行为的主体是产品本身，用户变成客体。用户的行为可能是主动的，也可能是被

动的。例如人们使用 ATM 机取款时，如果输入的密码是正确的，则可以进入下一个操作，否则需要重复输入密码。对于群体使用的交互系统来说，用户与用户，用户与产品之间同样存在主体与客体之间的转换问题。如多人同时进行的网上玩牌游戏，电脑发牌时的行为主体是计算机系统，玩家是客体；出牌时玩家是行为主体，计算机系统则是客体；对于玩家之间来说，出牌的是主体，将要出牌的则是客体。

另一方面，一般意义上的行为主要是单方面的或单向的，交互设计考虑的行为是双向的，强调的是由用户与产品之间相互的行为，二者行为和谐必定以协调为基础，换句话说，行为的和谐必须以相互理解为条件，如果不能互相理解交互行为必然存在冲突。人与机器的行为冲突在本质上是存在的，无论机器的能力怎样，他们都无法充分了解人的目标和动机，以及特定机器在被控制的环境下为什么可以工作自如。这里所指的机器是产品。

6.2 影响交互设计行为的因素

交互设计行为与许多因素有关，主要有以下几个方面。

6.2.1 用户背景的影响

用户的文化、经历、年龄和职业的不同，行为过程中两个阶段的认知程度也有所不同，生活中有许多这样的实例。例如用计算机上网对城镇青少年来说是一个再平常不过的事，可是对有些贫穷地区缺少文化的青少年而言，根本不知道什么是计算机，更谈不上如何上网，这是由于缺少计算机文化背景带来的认知鸿沟。

又如，网上购物对青年人来说是一个非常轻松愉快的过程，常常乐此不疲，因为他们对整个过程胸中有数，不会像一些老年人由于缺乏对这种行为的了解而束手无策。

对于从未有过坐地铁经历的乘客来说，可能不知道如何用车票让入口处的栏杆放行。第一次用广州地铁的圆状车票，可能不知道是用来刷而不是投，因为上车投币的经历影响了对这种车票使用行为的正确认知。

上述实例说明，用户的各种背景对行为的执行和评估产生一定的影响，设计师需要想到这一点，力图通过设计避免或减少这种鸿沟。以地铁入口检票为例，我们可以让乘客手持嵌有电子标签（利用 RFID 技术）的车票，在靠近入口处时使栏杆自动放行，从而避免行为的认知鸿沟。

6.2.2 使用场景的影响

用户行为总是在一定的场景下发生，场景的变化会给用户带来一定的认知鸿沟，有时在正常情况下能顺利完成的行为在某些情况下却难以实现。用手机通话是一个极为平常的行为，设想一下，如果在人多嘈杂处通话且手机抗干扰能力较差，会是一种什么样的情况呢？一番声嘶力竭未必能使对方听明白你想说什么。又如，红灯停，绿灯行是最基本的常识，但有这样一个路口：信号灯的背后是一个饭馆的正门，晚间饭馆门口闪烁不停的霓虹灯将红色信号灯淹没在一片红色的光芒之中，可能明明是红灯停却由于司机的视而不见造成交通事故。

影响用户行为不只是现场的具体场景，有时还可能是与场景相关的非现场场景，例如通话时信号不好，或某一时段出现海量信息导致的通道堵塞等。由此可见，交互行为设计与用户行为之间的鸿沟会随场景变化而出现。

1. 场景的类型

1）基于目标或者任务的场景

这种类型的场景在确定网站架构和内容的时候作用较大。在可用性测试的时候，测试人员提供给用户的就是这类场景，给用户一个背景信息及操作任务，让用户进行操作，并观察他们是如何完成任务的。

例如一位家长因为 10 岁大的孩子不肯喝牛奶非常着急，他很想知道是不是不喝牛奶导致孩子缺钙。

例如下周你要去西雅图出差，需要确定可以报销的餐费和其他费用的金额是多少。

2）精细化的场景

精细化的场景提供了更多的用户使用细节。这些细节能帮助网站团队更深入理解用户特征及这些特征如何帮助或阻碍他们在网站上的行为。知道了这些信息，团队更容易设计出让用户更舒服、更易操作的内容、功能和网站流程。

3）全面的场景描述

全面的场景描述除了背景信息之外，还包含用户完成任务的所有操作步骤。它既可以完整地呈现用户完成某个任务的所有操作步骤，也可以展示新网站中设计师计划让用户进行的操作步骤。这种类型的场景跟用例很像，但它更多站在用户角度而不是网站的角度，它很好地解释用户是如何利用网站一步步操作完成自己的目标。

2. 在设计中运用场景

例如在设计网站的时候把每个用户访问网站每一个的场景都呈现出来是不现实的，但是在设计这个网站之前，开发人员可以先写下 10～30 个他们认为的用户想访问他们网站的原因或者用户希望通过网站完成的任务。

场景和人物角色可以结合，分类呈现不同类型的用户访问网站的原因，揭示什么样的人在什么样的场景下会有什么样的行为。

场景和人物角色可以通过故事的方式结合起来。为什么某类用户会来你的网站？他们来网站希望做什么？这类用户有什么特征？这些特征怎么影响他们在网站上的行为？因此，设计一个网站的关注点应该在用户以及他们想达成的目标，而不是网站的组织和内在架构。知道了用户的需求后，网站的内容及架构该怎么呈现也就不言自明了。

3. 在可用性测试中使用任务场景

在为可用性测试设置场景时，考虑到时间的关系，测试任务不宜多于 10～12 个。此外，在测试中，设计师还可以询问用户自己的场景，他们为什么访问你的网站，他们想通过网站获得什么。可用性测试中，避免通过场景告诉用户如何完成一个任务，而应该在测试中观察用户是如何完成任务的，并根据用户的操作情况判断当前网站的设计是否能够帮助用户在特定的场景下顺利地完成任务。

可用性测试的场景中不能包含任何告诉用户该如何完成任务的信息。可用性测试过程会呈现用户是如何完成任务的，并且能告诉设计师这个页面是推动还是阻碍了这个任务的完成。在正式测试前，设计师需要写下预期用户是如何完成这个任务的所有路径和步骤，包括用户可能使用的主要的入口或者其他的入口，供观察人员和记录人员在测试中使用。而在测试后，可对比预期过程和用户完成任务的真实过程，这个对比过程有助于思考网站的架构和导航的效率。

6.2.3　产品类型的影响

在行为执行和评估过程中的认知鸿沟与产品的类型有关。按照实现产品功能的核心技术，将产品分成以机械技术为主和以电子信息技术为主两大类。

对于以机械技术为主的产品，如果产品的结构较为简单和直观，用户对产品允许的操作行为就很容易理解，在执行阶段一般不存在鸿沟，如机械式闹钟的时间调整，定时响铃设置和机械式门锁的开启等。又如自行车转向龙头形态和结构表达的语意非常明确，无论是成人还是儿童，无须特别的指点就能知道其作用和转向操作方法。而对于由机械部件和电子器件构成的复杂系统，如现代汽车的方向控制系统，如果没有经过专门的培训，必定存在执行阶段不可避免的鸿沟。解决的方案是采用倒车雷达技术与电子信息技术的结合，在驾驶时设置显示车位图，帮助司机对倒车行为进行正确评估。

而对于以电子信息技术为主的产品，用户很难从形态、结构和材质传达的语意理解其操作含义，两个阶段的鸿沟更为明显。对于这种以电子和信息技术取代机械结构的产品，为了减小鸿沟，要尽可能采用便于用户理解的形式表达。如手机的操作界面可以用软件方法绘出按键，用阴影衬托三维效果，用图形的变化表示按下，用声音、图像或文字提示反馈操作结果。

用软件技术模拟的虚拟界面示例如图6-2所示。

图6-2　用软件技术模拟的虚拟界面示例

6.3
交互行为特征、形式与规划

　　用户与产品之间的交互行为（或称为交互活动）具有一定的目的性，如出行、学习、工作、健身、娱乐、交友、采购或消遣等。为了达到目的或完成预定的任务，总是需要一系列的行为。在完成这些任务的过程中，简单的行为、复杂的行为、快捷的行为、耗时的行为、容易的行为、困难的行为、从容不迫的行为以及刻不容缓的行为都可能存在，且不同的行为有不同的要求和目的，不同的行为设计适用于不同的用户和场景。

6.3.1　交互行为的特征

　　设计应考虑不同行为的特征，关注行为的目的，并提出 10 种主要交互行为特征。

1. 行为的频度

　　行为的频度是指在一定时段内行为发生的次数。每天都要发生大频度行为，如上网收发邮件，打电话和看电视等，或者相对于同一产品的其他行为出现次数较多的行为称为经常性行为，如用遥控器选台，用手机发短信和用 QQ 聊天等。较少出现的行为称为偶然性行为，如设置电视机的显示模式，设置手机的背景图和设置计算机的开机密码等。经常性行为的操作应简单易用，不存在行为执行和评估阶段认知鸿沟，偶然性行为容易学会或者易于回忆起如何操作，即通过操作时产品的提示和引导行为，或浏览说明书就能消除鸿沟。

　　对于同一产品来说不可能通过设计使所有的操作都变成简单易用的行为，必须有所侧重才能保证经常性行为的易用，如果所有行为都是易用的，相当于都不易用。例如，将经常使用的功能与不常用的功能充斥在一个操作界面中，会增加识别的难度。而简洁的界面不仅方便选择，而且美观。

　　区分与不区分行为频度的界面设计对比示例如图 6-3 所示。

图6-3　区分与不区分行为频度的界面设计对比示例

2. 行为的约束

一方面，行为有时会受到时间、工作压力大小等外部条件的约束。时间紧迫与时间宽裕时行为的结果会有所不同。充裕时间时，任务会完成得很好，因为可以有条不紊，不会由于担心时间不够而手忙脚乱。如汽车驾驶中的制动行为，在预知前方要停车的情况下，充分的操作时间使驾驶员能够既平稳又安全地达到停车目的。但在紧迫的情况下，驾驶员可能会手忙脚乱，甚至可能出现将油门当成刹车而造成交通事故。实际上这种情况可以通过设计避免，在紧急情况下误将油门当成刹车时，机械电子系统会根据踏板的加速度等参数判断驾驶员的意图一定是停车而不是加速，从而自动切换为刹车。

另一方面，来自外界的压力会影响到用户行为的实施与结果。过大的压力，超常的快节奏与平静心态下的事件处理能力不能相提并论，用户行为的忙中出错有时是无法避免的。为什么有的人在别人的机器上用 U 盘复制文件后忘记了取回 U 盘？为什么在 ATM 机上取款之后会忘记取回信用卡？这与急于完成任务、工作紧张和学习压力过大等外界因素不无关系。

3. 行为的可中断

通常情况下，用户行为是一个持续的过程，但是并不能排除正在进行的行为活动被意外情况打断。这里分两种情况：用户临时处理或应付某件事，在结束之后接着进行；急于处理其他更要紧的事，取消正在进行的行为。这种行为被中断的现象，在现实生活中并不少见。在超市会经常看到这种现象，顾客在结账过程中，突然想到还需要购买某件物品，收银员只好停下等待。后面排着长长队伍等待结账，收银员又不能继续工作，面对这种局面，无可奈何的心情可想而知。如果收银系统允许当前行为暂时中断，而接着处理下一个顾客的结账，这无疑是一个聪明之举。

有些行为的意外中断既然是不可避免，在设计中就要考虑到这种情况，以保证交互行为既可以被中断，也可以继续。如图 6-4 所示 iPhone 多任务功能，能记住暂停操作的位置，允许进行游戏，阅读新闻和查找餐厅等其他操作，当返回时还可继续刚才的任何操作，实现在哪

图6-4　iPhone多任务功能

里暂停、从哪里开始。

4. 行为的响应

行为的响应特性用产品系统对用户行为反应的时间来衡量。研究显示，系统响应时间大于 5 s 时，会使人们感到沮丧和迷茫。对于手眼协同的操作行为，系统的响应时间不应当超过 0.1 秒。当引起某种时间发生的行为时，如按键切换界面，其响应时间不应当超过 1 秒。理想状况是系统能对用户行为即时响应，但由于受技术条件的限制，对行为的响应总是有一定的延时。对于包含较多图片的界面，在不影响视觉效果的情况下，可通过降低像素减少界面切换时图片载入时间，从而减少响应的滞后。

5. 多人行为的相互协调

用户交互行为的执行有时涉及多人行为的问题，行为的相互协调表现在信息的交流，动作的协调与自然等方面。对于多人划艇和双人自行车类的产品，行为的协调强调的是步调一致，以形成最大合力；个人电脑、游戏机平台和在线网络游戏等形式为主的游戏类产品，行为的协调强调参与者之间信息的交流、行动和配合，以娱乐或有趣为目标。如图 6-5 所示 Wii Sports 中的网球游戏，既可以满足个人单打独斗，也可以进行双打竞赛。赛场布局和啦啦队激烈的呐喊欢呼，给人一种身临其境的感受，用手柄模拟的网球拍，操作简单和易于控制，游戏参与者只需要简单的一挥或者抖动就可以完成显示网球运动中的大幅度和高难度动作。参与者和虚拟角色之间的行为设计协调自然，不失为是一种非常成功的交互式游戏。

图6-5　Wii Sports的网球游戏：双打

6. 行为的可理解

易于用户理解的行为设计，有利于用户对行为的执行和任务的完成。如果用户对产品的行为不甚明了，将会寻求额外的信息，从而影响行为的执行。因此在设计行为时必须使用用户能够明确行为的意图和目标。如使用 Windows 系统，有时由于硬件或软件原因会出现系统崩溃，即出现蓝屏，面对一大堆用专业术语描述的文字，大多数用户都会束手无策。显然，对这种系统出错的显示行为，其可理解性之差就不言而喻了。

7. 行为的安全

某些行为具有严格的安全性要求，任何错误都会导致伤害或严重事故。对此类涉及安全性的行为，设计师需要进行安全防范设计，以保证即使发生错误操作时，也不会产生严重的后果。如台式风扇的防护罩，移动排插的防护设计等。行为的安全问题也可通过主动防护的方法解决，如家用微波炉不能使用金属容器的问题，可以通过设置一个传感器检测。当放入金属容器之后微波炉可以及时提示，并使用户无法启动，从而避免出现打火事故。

8. 行为的出错

有时用户行为的出错是不可避免的，也就是说行为具有正确和错误两重性。正确行为结果是用户所希望的，错误行为的结果是用户不想看到的。对于文件删除的操作行为来说，有两种情况：一是用户真正想删除文件，其删除行为是正确的；二是用户是想保存文件，而选择了删除文件的行为，其删除行为是错误的。为了避免后一种情况带来的损失，通过需要增加一项要求用户确认的行为。更好的方案是将删除的文件自动放在垃圾桶内，而不是真正从存储设备中删除，给用户一次纠正行为出错的机会。电脑删除文件时提示画面示例如图 6-6 所示。

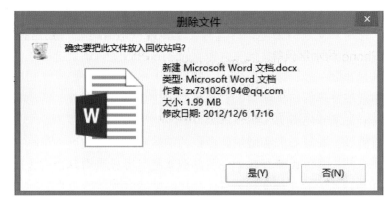

图6-6 电脑删除文件时提示画面示例

9. 行为的效率

完成相同的任务或达到同一目标可以选择不同行为方式，但不同的方式，用户所花费的精力不同，这就是行为的效率问题。浏览网页时用鼠标比用键盘快捷，但大量字母和数字的输入显然键盘优于鼠标；对于电话号码的数字输入来说，采用 T9 键盘的输入方式比用 QWERT 键盘好，而对于大量的文字输入，后者的效率又高过前者；对于常用的电话号码，可采用可定制的快捷键方式，例如 iPhone 中的个人收藏功能。

行为的效率不仅与行为的选择有关，而且与用户的背景和场景有关。对于中文输入来说，可以用键盘，手写或语音，不会拼音和五笔字型等输入方式的用户选择手写有较高的效率，而用语音输入在安静的场景比喧闹场景的效率更高。因此考虑行为的效率特征就是要为同一目标设计多种行为，以满足不同用户的需求。iPhone 文字输入行为的方式与效率示例如图 6-7 所示。

图6- 7 iPhone文字输入行为的方式与效率示例

10. 行为的表现

行为的表现是指人与产品的行为总是以一定的形式显现，如手舞足蹈，怒目切齿，捶胸顿足和眉开眼笑等行为来表达人们的喜、怒、哀、乐等情感。对于产品来说，其行为可用数字、图形、视频、音频和动画等多媒体或一定的机械运行来表达。

在交互设计中，关注行为表现的目的是为了研究何种形式的表现易于被交互双方理解。如需要精确控制的行为，采用直接输入数字的形式，易于被产品所接受；调节音量或亮度大小的行为，适宜于采用旋转或移动滑块等形式；对于内嵌传感器的产品，则可用表情、手势、动作和位置变化等人的自然行为与产品交互。产品行为的表现同样可选择不同的表现形式，如显示临界信息用数字表示；显示状态和趋势信息用指针或箭头等表示；用特定颜色、声音或光的闪烁来表示警示；用虚拟技术模拟物理状态，例如iPhone 的水平仪等。

6.3.2 交互界面的主要形式

由于用户与产品间的交互行为主要是通过用户界面实现，因此有必要分析几种主要用户界面的形式与演变。

用户界面的变化经历了从单一的字符用户界面（character user interface，CUI）、图形用户界面（graphic user interface，GUI）、多媒体用户界面（multimedia user interface）和多通道用户界面（multimodal user interface）的变化与提升。

1. 字符用户界面

字符用户界面又称命令语言用户界面，是人机交互中最早的界面。主要是指用户与计算机之间可借助一种双方都能理解的语言进行的交互式对话，其交互过程是按顺序执行的，一般不支持多任务的并行功能。DOS 操作系统就是一个典型的字符用户界面，使用 Windows 系统的命令提示符操作中还能看到这种典型的界面。

命令语言界面要求用户具有一定的专业知识和记忆所需要的操作命令，需要正确理解以文字表现的信息意义，比较适合专业人员使用。

2. 图形用户界面

图形用户界面也称 WIMP 界面，主要由窗口（window）、图标（icons）、菜单（menu）和指点输入设备（pointers）等组成，用键盘和鼠标器作为主要输入设备，可以实现多窗口操作和可以并行运行的事件驱动（evet-driven）模式。

图形用户界面表现形式比字符用户界面更为丰富，其图标可以模拟三维效果，用户只需选择而不需要记忆系统命令，从而大大降低记忆负担。由于受窗口大小的限制，图形界面中的图标只是对现实世界中某一具体行为的简化表示，如用磁盘图案表示保存，用打印机图案表示打印等。一般说来，这种表示形式由于不涉及具体的文化和语言，因而易被用户接受和理解。但有时也可能会产生误解，特别是在交互界面上增加用户不熟悉的新功能时，因此在图形界面中有时会加上必要文字说明，并由用户进行定制，以确定是否显示文字。

3. 多媒体用户界面

严格说来，除了 GUI 属于由单一文本组成的单一媒体界面之外，GUI 也应属于多媒体界面范畴，但为了强调引入以动态媒体为特征的新式界面，通常将由动画、音频、视频动态媒体、文本、图形和图像等静态媒体构成的人机交互界面称为多媒体用户界面。

多媒体用户界面丰富了用户与产品之间信息的交流形式，比单一媒体信息对用户具有更大的吸引力，同时有利于用户接受信息的主动性和输入信息的便捷性。如音频媒体的引入，改变了传统界面只能用二维方式传递文本、图形和图像等信息，空间声音的传递强化了信息交流过程中的吸引力和用户的注意力。用户还可以通过多媒体界面和语音识别技术，提高效率和简化操作。特别是实时视频媒体的引入，颠覆了传统电话"只闻其声不见其人"的语音通话历史，实现了跨越空间的面对面交流。可视电话的实时视频界面使用场景示例如图 6-8 所示。

图6-8　可视电话的实时视频界面使用场景示例

4. 多通道用户界面

心理学意义上的通道是指人接受外界刺激和对此产生反应的信息通路，在界面设计中可以理解为用户与产品之间通过界面实现信息双向交流的途径。其中通过人的感觉器官接受信息和输出信息的通道称为感觉通道，如视觉、听觉、触觉、力觉、动觉、嗅觉和味觉等；通过人的动作传递信息的通过称为效应通道（动作通道），如人的四肢、头部及其他身体部分的动作、语言、眼神与表情等。

理想的多通道用户界面应支持人类最自然的交流方式，使用语言、动作、表情并通过听觉、视觉、触觉、味觉等多种自然感官系统进行沟通。如 iPhone 中的记录步行动作的应用程序界面（见图 6-9），可以自动识别人的步行动作，通过加速度传感器实现了人机之间的动作交互。

图6-9　记录步行动作的应用程序界面

6.3.3 交互的形式与规划

1. 交互方式的发展

用户与交互系统之间的交互方式主要是指用户、产品和环境之间的信息交流形式，经历了从原始式交互、适应式交互以及符合人们认知习惯的自然式交互过程。

1）原始式交互

在工业化社会之前，人们只能使用手工制作的简单产品、工具或武器进行狩猎、农作、生活和防御。如用犁耕地，用斧劈柴，用箭射猎和用嘴吹灯等。此类耕地、劈柴、射箭和熄灯等行为，是人类在进化过程中自然而然形成的一种原始的操作行为，极易理解和掌握，基本不存在任何认知鸿沟。

2）适应式交互

适应式交互是指用户为了达到自己的目标，受产品功能的限制被迫采取的一种交互形式。这种方式是非自然的交互行为，是由于产品受技术，工艺或经济等条件制约的一种不得已而为之的操作行为。以熄灯为例，对传统的蜡烛而言，用嘴吹是再自然不过的灭灯行为，但对于现代的电灯来说，显然只能通过手的动作关灯。为什么用手而不是用嘴吹，这是因为这种电灯产品不支持嘴吹关灯，用户只能适应用开关控制的要求。自然交互行为与关灯动作的适应式交互行为示例如图6-10所示。

图6-10　自然交互行为与关灯动作的适应式交互行为示例

对于早期的计算机或信息技术为主的产品来说，交互行为大多数属于适应式交互的一类，且主要发生在用户和产品之间，用户是信息交流的主导者，产品则是信息交流的被动者，这种交互行为主要指用户在使用产品过程中的输入或获取信息的行为。如DOS系统命令行输入方式，人机界面中的菜单选择方式以及拼音和五笔字型等输入方式。

3）自然式交互

狭义的自然式交互是指基于自然用户界面（natural user interface）的人机交互，其界面不再依赖于鼠标和键盘的传统操作方式，而是一种采用语音、动作、手势，甚至人的面部表情等操作和控制计算机用户的交互方式。自然用户界面必须充分利用人的多种感觉通道和运动通道，以非精确的方式与计算机系统进行交互，旨在提高人机交互的自然性和高效性。

广义的自然式交互泛指用户产品之间的交互行为均符合人类的行为习惯，反映用户与产品之间一种自然化的交互趋势。在理想情况下，产品是一个有生命的智慧物，人的所作所为能被产品理解，并能做出正确的判断和决策。比如，当用户离开房间时，电灯自动关闭，空调自动停机；当进入房间时电灯会根据环境光的强弱自动打开或调整光的亮度，自动根据室温确定是否开启空调；用手接近水龙头时，水自动流出，离开时又自动关闭等。

自然式交互是对适应式交互的重大变革与交互方式的人性化回归，自然式交互与适应式交互的最大区别在于产品提供的交互方式以更直接和更快捷的形式适应用户的需要，而不是用户适应产品。虽然真正实现自然交互，需要设计的创新和更多技术的支持，但也并非遥不可及，在目前的许多智能产品上也能看到自然的交互行为。设想一下，如果用键盘输入命令完成相同的操作，用户需要输入相应的指令；用鼠标完成相应的操作则需要选择操作图标，甚至借助于键盘按键完成。

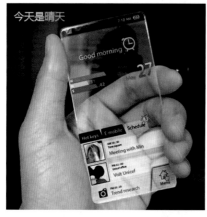

图6-11　Windows 的概念手机

4）创新式交互

创新式交互并不一定来自用户的显性需求，往往源自设计师或设计团队的天马行空的创意或用户的下意识行为。在某种意义上，这种交互行为并不一定被用户了解，需要借助一定手段或品牌的影响力进行引导。如苹果公司的 iPad 产品，无论从价格或功能与一般家用笔记本电脑相比并没有多大优势，但是其即开即用，随身携带，4G 或 WiFi 的上网形式，不用下载的邮件阅读方式，手感极佳的多种操作形式与手写输入，合适的阅读视野和众多的应用软件等方面充分体现了交互方式的创新。

一种被称为 Windows 的概念手机（见图6-11），对着屏幕吹气就可进入手写模式，不能不说这是一种十分奇特的交互方式。在下雨或者下雪天，该手机的屏幕会变得潮湿而模糊，在晴天，显示界面会显得干净而清晰。

交互方式的创新意味着对原有的传统交互方式的更新，变革或创造，创新式交互需要技术的支持，需要设计阶段的评估，目标用户的培育和概念的推广。

2. 交互的主要形式

交互设计发展到今天，领域涵盖了各行各业，如建筑设计、空间设计、产品设计和视觉设计等行业。目前交互方式包括多种形式，如命令行方式、提示符界面和图形化界面，其主要目的是为了让用户在操作和使用时感觉方便，提高数据管理效率，同时能适应多种不同层次的用户。

1）鼠标、键盘常规交互

自 1973 年施乐帕罗奥多研究中心（Xerox PARC）推出的 Alto 电脑首先使用了鼠标，经历这么多年的发展，鼠标的技术日趋完善，相对应的图形界面也日趋完善，并成为人机交互的主流。鼠标和图形用户界面已经深深地影响了几代人，惯性和使用习惯，以及仍然很广的适用范围决定了它仍将在历史舞台上演出。鼠标和键盘的优势在于，最适合那些需要精确指向和单击的用户交互。未来的交互方式会呈现出美好的多元化状态，用户可以根据任务选择正确的工具，但设计师认为键盘在很长的一段时间里不会被替代，因为它在文本领域确有长处。

鼠标键盘常规交互示例如图 6-12 所示。

2）图像交互

作品《对视》（见图 6-13）采用电脑跟踪原理。观众没有靠近时，屏幕上的 800 个虚拟人像会躺着休息。一旦有人走近，画面中的人物将被唤醒。当观众把作品从上到下打量一番时，画中人刚好也在观察观众。目光相对时，双方或许会同时吓一跳。

谷歌眼镜利用的是光学反射投影原理（HUD），即微型投影仪先将光投到一块反射屏上，而后通过一块凸透镜折射到人体眼球，实现所谓的一级放大，在人眼前形成一个足够大的虚拟屏幕，可以显示简单的文本信息和各种数据。实际上就是"微型投影仪 + 摄像头 + 传感器 + 存储传输 + 操控设备"的结合体。谷歌眼镜图像交互示例如图 6-14 所示。

这个集智能手机、GPS 和相机于一身的眼镜，可以将实时信息展现在用户眼前，只要眨眼就能拍照上传、收发短信和查询天气路况等，为用户的穿戴式智能设备打开一扇窗户。

3）语音交互

与机器进行对话交流是人们梦寐以求的事情。语音识别技术的发展可以让

图6-12　鼠标键盘常规交互示例

图6-13　《对视》拉菲尔·洛扎诺·翰莫

图6-14　谷歌眼镜图像交互示例

其成真。基于语音识别技术研发的现代语音识别系统在很多场景下获得了成功的应用，如 iPhone 手机中的 Siri 和淘宝的智能机器人就是这类技术的应用。交互过程通过识别某些音波判断和执行一些指令和任务的计算机程序。

亚马逊 Echo Dot 语音助手（见图 6-15）的设计宗旨是解放双手和免手动操作，一切均使用语音完成。使用 Echo Dot，用户可以用语音指令完成播放音乐、开关、调节智能家居设备、获取天气、交通信息和听新闻等操作。

图6-15　亚马逊Echo Dot语音助手

近三十年来，语音识别技术发展迅速，逐渐从实验室走向市场，形成产品。在信息处理、通信与电子系统、自动控制等领域相继出现了不同用途的语音识别系统，但存在一些局限性需要解决。

（1）识别系统的明确性方面需要加强。环境噪音和杂音对语音识别的效果影响最大。

（2）多语言混合识别方面需要改善。方言种类繁多，口音各异造成指令的准确性难以保证。

（3）传输效率低，反馈较慢，难用正确的语气表达，情感体验不够。

4）动作交互

通过动作传递信息的交互形式称为动作交互或行为交互。这种交互方式主要使用身体语言，通过身体的姿势和动作表达意图。人与人之间容易理解各自动作的意义，但产品对于动作的理解的关键是动作的识别，通常可分为以下 3 种层次。

5）二维动作识别

最简单的二维动作识别是鼠标位置识别，用户通过移动鼠标将水平方向和垂直方向的信息传递给计算机系统，在屏幕上跟踪或显示运动轨迹。这种动作识别并不是真正意义上的动作识别，因为需要特定的输入设备，例如鼠标，光笔和手写板才能实现，属于接触式二维动作识别。另一种情况是利用摄像头进行实时视频捕捉，再根据前后两帧的像素变化识别运动，这是一种非接触的二维动作识别方式。

6）接触式三维动作识别

利用内置中立传感器（C-sensor）的设备，通过感知该设备的三维空间位置变化识别其动作，如 Wii 和 PS3Move 的游戏手柄。由于接触式三维动作识别需要用户佩戴或手持专用的设备，因而这种动作交互是受到一定条件限制的。

2006 年任天堂的 Wii 游戏主机（见图 6-16）掀起了体感游戏的序幕，让玩家可以通过自身动作与游戏进行交互。Wii 除了像一般遥控器可以用按钮控制，它还有两项功能，即指向定位和动作感应。前者就如同光线枪或鼠标一般可以控制屏幕上的光标，后者可侦测三维空间当中的移动及旋转，结合两者可以达成所谓的"体感操作"。

图6-16　任天堂的Wii游戏主机

7）非接触式三维动作识别

这种动作识别技术不需要用户佩戴或手持专用设备，更适合人们的自然行为方式。如美国微软公司于 2010 年推出的 Xbox360 游戏机 Kinect（见图 6-17），采用 3D 体感摄像机，利用即时动态捕捉、影像辨识、麦克风输入、语音辨识和社群互动等功能让玩家摆脱传统游戏手柄的束缚，通过自己的肢体控制游戏，并且实现与互联网玩家互动，分享图片和影音信息。联想集团、联想控股和联想投资共同投资建立的北京联合绿动科技有限公司将推出 eBox 家庭游戏机，利用 3D 摄像头实现全身动作识别，游戏玩家不需要手柄或者遥控器等设备，即可与 3D 游戏形成互动。Kinect 是微软在 2010 年发布的 Xbox360 体感周边外设，它实际上是一种 3D 体感摄影机（开发代号是 project natal），同时它导入了即时动态捕捉、影像辨识、麦克风输入、语音辨识和社群互动等功能。玩家可以通过这项技术在游戏中开车、与其他玩家互

图6-17　Xbox360游戏主机Kinect

图6-18　日立的手势控制电视

图6-19　MindFlex

动、通过互联网与其他 Xbox 玩家分享图片和信息等。

动作交互是一种全新的交互方式，应用于游戏类产品丰富了操作形式，提高了游戏的娱乐性，参与性与互动性；应用于各类实用的信息产品，可以改变传统的使用，操作和控制方式，使人的交互行为更贴近自然方式，如日立的手势控制电视（见图 6-18）允许用简单的挥手开机，上下挥动激活菜单，在空中画圈调节音量。

8）意念交互

生产芭比娃娃的玩具巨头 Mattel 公司推出过一款名叫 MindFlex（见图 6-19）的脑电波控制玩具，有各种障碍，可以一个人玩。利用大脑，即脑电波控制海绵小球在空中的高度、控制小球的前进方向完成穿越各种障碍，也可以调节成两个人的对抗，这个比较简单，只控制小球的前进，而不能改变方向。

3. 交互方式的规划

选择数据，图像，语音，动作交互与交互系统的目标，用户和场景等因素相关，不能简单地认为哪种方式最好，通常应根据实际情况考虑。设计师规划交互方式时，应注意以下几个方面。

1）交互方式的选择

一方面，对于同一目标，不同背景用户采取的交互行为会不同，不可能同一交互行为适合所有用户。如手机短信的输入，年轻人习惯用双手拇指输入，而中老年人会更喜欢用手写输入。因此，使交互方式具有可选择性对大多数产品来说是非常必要的。

另一方面，场景的变化也会影响用户目标的实现，如语音交互会受到外界噪音的干扰。如果某一产品的信息输入和输出只具有语音交互功能，在嘈杂的场合则无法使用。手机的来电提示也是如此，在公共场所、会场或课堂，若有来电，人们希望用振动提示而不是声音提示，最好是由手机根据对环境的感知聪明地选择振动，而不是由用户事先进行设置。

2）交互过程的简化

通常完成特定任务的交互过程包括一系列行为，过于复杂的交互过程会增加用户的负担和降低执行效率，甚至会影响任务的顺利完成和目标的实现，因此交互过程的简化是非常必要的。Norman 提出了化繁为简的 7 个原则。

（1）应用储存于外部世界和头脑中的知识。

（2）简化任务的结构。

（3）注重可视性，消除执行阶段和评估阶段的鸿沟。

（4）建立正确的匹配关系。

（5）利用自然和人为的限制性因素。

（6）考虑可能出现的人为差错。

（7）最后选择，采用标准化。

上述 7 个原则说明合适的设计使复杂的操作不仅看起来简单，而且用起来容易。设计人员开发出用户容易理解的概念模型，用户就可以根据外部产品获得的知识与头脑内部储存的知识产生联系，从而使操作变得轻松自如。简化任务的结构，主要是利用新技术简化操作任务。如采用电脑和手机等产品中的记事本功能，辅助记录难以记忆的信息，利用提示功能避免人们对事情的遗忘；通过反馈机制，使操作过程中的相关信息可视化；合理使用自动化简化操作步骤；改变操作性质，如用数字显示代替指针，快速获得精确的数值，汽车驾驶中用自动换挡代替手动换挡简化变速操作等。

3）交互行为的自然化

选择符合人类自然交流形式的交互行为，不仅可以降低用户在使用过程中的认知负担，减少或避免操作失误，而且还有利于提高交互效率，增加交互的真实感与吸引力。以交互式计算机绘图的发展为例，我们可以从中体会到自然交互的好处。在早期的计算机绘图系统中，由于受软硬件技术条件的限制，设计人员只能通过输入命令完成绘图工作。这是一种与人们绘图习惯截然不同的适应性交互行为，过去我们只需要笔、纸、尺等简单的工具就可以完成的工作，此时则需要记住一系列命令。虽然，菜单和图标的出现减小了人们的记忆负担，但与人的自然作图方式仍然大相径庭。触摸屏技术的推出，特别是多点触摸技术的应用，才使今天使用计算机绘图的行为更接近自然。

4）交互方式趣味化

交互技术的发展，促进了交互方式的多样化、情感化和趣味化。一些有趣的交互方式已逐渐出现在各类电子、娱乐和游戏类产品之中。图 6-20 中列出了一些非常有趣的交互方式。用手指在屏幕上轻轻一划，可以翻卷页面；两手指在屏幕上收拢或展开，可以缩小或放大图片；晃一晃手机就可以改变背景的颜色；摇一摇 iPhone 的微信，可以摇出歌曲或者信息。任天堂的 Wii 之所以受到玩家的青睐是因为其创造性的游戏交互方

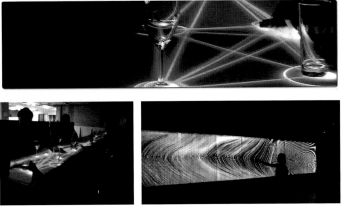

图6-20　有趣的交互方式

式，使用 Wii 既可以体验击箭、拳击、赛跑和打球带来的刺激，也可以在室内享受运动的乐趣，甚至还可以用手柄指挥演奏，控制节奏强弱的变化，体验当指挥的乐趣。

原本十分平常的镜子由于传感器等新技术的介入，使照镜子的行为变得十分有趣。如来自意大利的 Stocco Maitre 是装有触摸屏的浴室镜，背后装有一个有功放功能的 MP3，可通过触摸屏控制器进行操作，使每天对着镜子梳妆打扮变得更有趣。

有趣的交互方式并不等同自然的交互方式，体现的是用户与产品之间交流方式的创新和用户由这种新奇方式带来良好感受，这种交互行为主要适用于以体验为目标的一类产品。

6.4
推荐阅读

1.《破茧成蝶：用户体验设计师的成长之路》

【作者】 刘津，李月。

【出版社】 人民邮电出版社。

【内容简介】 作为一门独立的学科和行业，用户体验设计正在快速发展并得到越来越多的重视。随着互联网思维这一概念的提出和兴起，用户体验的地位和关注度得到进一步的提升和强化。市面上已经有很多专业的用户体验书籍，但针对用户体验设计师在职场中遇到的众多现实问题的图书并不多见。《破茧成蝶：用户体验设计师的成长之路》（见图 6-21）由资深的一线用户体验设计师编写，其中融入了宝贵的职业经验和专业思考，对交互设计师、视觉设计师和用户研究员等具有一定参考价值和借鉴意义；同时，本书也适用于产品经理、运营和开发等用户体验相关人员以及相关专业的学生阅读参考。

图6-21 《破茧成蝶：用户体验设计师的成长之路》

2.《人人都是产品经理》

【作者】 苏杰。

【出版社】 电子工业出版社。

【内容简介】《人人都是产品经理》（见图 6-22）是写给"1 到 3 岁的产品经理"的书，适合刚入门的产品经理、产品规划师、需求分析师、对做产品感兴趣的学生，特别是互联网和软件行业。

图6-22 《人人都是产品经理》

课程作业

（1）在交互设计中的自然交互行为是否存在局限性？用实例说明理由。

（2）为什么说交互过程的简化并非适应于所有产品的交互方式？列出 5 种以上不需要简化的交互过程。

（3）以网购为例分析用户行为的 7 个阶段，列出在交互过程的执行与评估阶段可能存在的认知鸿沟。

（4）选择一个购物网站，确定两种以上的所购物品，分别列出所有可能的操作流程图。

（5）根据列出的操作流程，按用户行为的 7 个阶段进行划分，分析在各阶段交互界面的设计特点和可能存在的问题并提出合理的解决方案。

第 **7** 章

原型设计、
测试与评估

7.1
原型设计

7.1.1 原型概述

原型（prototype）本意是指原来的类型或模型，在文艺作品中表示塑造角色或道具所依据的现实中的人和物。在交互设计中表示根据产品需求建立的产品原始模型，用来验证产品的功能、需求和界面设计方向是否正确。

原型是一种对产品概念的表达方式，也是设计师构想的一种体现，具有可视性、可触性和可操作性，决定了基于原型的评估更具客观性、全面性和合理性，因此在交互设计迭代过程中原型设计是必不可缺的一个环节，也是交互设计师与产品经理、开发工程师、界面设计师沟通的最有效的工具，也是专家和用户对未定型产品的评估手段。

原型可以是画在纸上的一系列界面草图，任务流程模拟，甚至是复杂的软件，也可以是用纸张、纸板或其他材料制作的物理模型，可以表达设计师的意图或是产品的仿真。借助原型可以测试设计构思，用户可以准确的描述自己的需求，设计团队可以搜集用户实践交互的相关信息，明确产品应该帮助用户完成什么，不应该做什么，从而发掘新思路。

实际上，原型是对最终产品的近似和有限的呈现，在产品进行设计与开发之前，为了发现问题，用户可以尝试与原型交互，从中获得使用体验，测试产品的功能与可用性，并在逐步接近最终产品的过程中反复进行原型的评估和修改，最终获得用户满意的产品。

原型设计示例如图 7-1 所示。

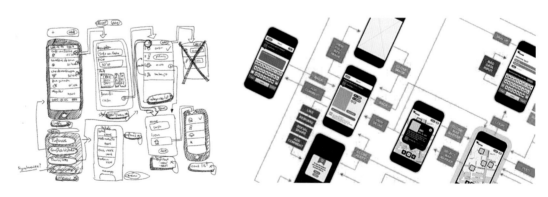

图7-1 原型设计示例

7.1.2 原型设计的类型

原型设计可以说是整个产品面世之前的框架设计，展示出产品内容的优先级、结构和大致的布局，而不是最终的视觉设计，以快速、低成本、准确表达设计概念以及便于测试为目的，进而采取模拟的方法验证设计思路是否正确，预防错误的发生。因此原型设计的类型根据设计阶段的需要和验证目的的需要主要分为草图、线框图、低保真原型设计和高保真原型设计。

保真度是个概念化的术语，广义上来讲，它可以被定义为重现某种事物的精确程度，即原型描述设计方案的精确度。创建原型的类型应该取决于想要得到的反馈类型，如果评估整个功能和流程，低保真原型比较适合；想要获得更多外观、感觉和动画等元素的细节，高保真原型更适合。原型设计不应该影响用户视觉和感知的最终形态，通过剥离不必要的装饰和设计，呈现出设计的核心想法和概念，让用户提出他们所看到和感受到的想法。在这个阶段，发现问题是产品最终能够成功的关键。

1. 草图

草图是手绘的产品原型，在设计团队确定设计策略之后，设计师在白板或纸上画出交互草图进行构思，捕捉想法，与团队的其他人员一起探索设计，逐渐形成最基础的交互，创造用户体验。相对其他类型来说比较随意，不论是使用白板还是纸张来画草图，最大的优点就是能够快速表达设计的观点，适合早期沟通产品想法，让客户或者团队成员能够理解某个产品用户体验的基本概念。

其实在很多需要创造力和架构的专业领域里，草图经常被用到。草图能够把设计师脑海里那些充满想象力的点子从抽象变为现实，塑造成真实的用户界面，可视化页面与页面之间的交互，最终使之前隐藏在头脑中的细节渐渐的清晰。设计师在思考所有交互方式和体验的可能性时，很多设计的细节会快速，甚至是一瞬间地出现在脑海里，如果直接用软件记录这些想法是不现实的，因为动手操作速度比思考速度慢太多，而画草图就轻松得多，至少能缩小动手与思考速度之间的差距。

草图（见图7-2）不等于线框图，这两者确实很相似，但是它们并不是同一种东西。它们对于展示界面概念来说都很有用，但是画草图和线框图使用的是不同的媒介，并且它们也产生不同的结果。草图可以帮助完善概念的细节和概念的提炼，线框图描绘的是页面功能结构，它不是设计稿，也不代表最终布局，线框图所展示的布局，最主要的作用是描述功能与内容的逻辑关系。

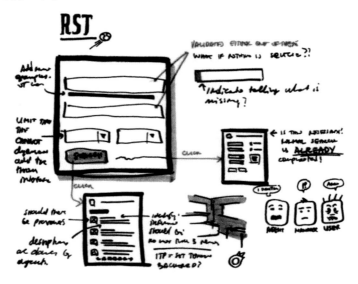

图7-2　草图

2. 线框图

线框图的作用是组织及呈现信息，它不是交互原型。线框图的设计思路是以内容为中心，描绘的是页面功能结构，它不是设计稿，也不代表最终布局，线框图所展示的布局，最主要的作用是描述功能与内容的逻辑关系。设计师利用线框图使想法成型，线框图主要包括页面结构，导航，交互细节，线框图具体包括标题，脚注，导航菜单，占位符，控件和按钮。由于线框图的创建足够简单，设计师不用耗费太多精力便可尝试不同的思路，拿出多种多样富有创意的方案。线框图是低保真呈现方式，它有三个简单直接而明确的目标。

（1）呈现主体信息群。

（2）勾勒出结构和布局。

（3）用户交互界面的主视觉和描述。

线框图的视觉特性局限性非常明显，通常设计师只需要使用线条、方框和灰阶色彩填充（不同灰阶标明不同层次）就可以完成。一个简单的线框图最终需要包含的内容有图片、视频和文本等。所以，通常情况下，被省略的地方会用占位符标明，而图片通常被带斜线的线框替代，文本会按照排版，用一些标识性的文字替代。线框图是对产品的功能细节进行快速勾勒，需要有效地传达信息，所以要避免在视觉上过度的保真，切忌过多使用视觉化的元素，会干扰功能的呈现。

线框图是进行早期可用性测试的最有效的方法之一，主要测试产品功能的使用而非用户体验。通过线框图模拟用户在完成使用目标的过程中可能执行的所有步骤，可以尽早发现产品功能架构方面的设计缺陷。同时，线框图还可以帮助设计和开发人员更全面地预计潜在的出错情景，并准备相应的出错提示。线框图示例如图7-3所示。

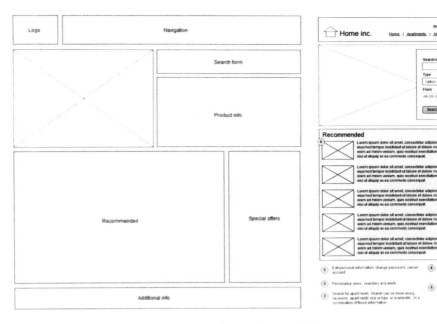

图7-3　线框图示例

3. 低保真原型

低保真原型是对产品较简单的模拟，也是最初的原型，主要展示产品的外部特征和功能构架。通过简单的设计工具快速制作成型，用于最初的设计概念和思路，低保真原型是未加工和粗糙的，只有有限的功能和交互原型设计，其界面是静态的呈现。因此，通常被用于设计过程初期的需求分析和收集，说明用户将如何与产品进行交互，这种简单的产品原型可以作为设计开发人员与用户沟通的载体，其主要受众是团队里的工程师与设计师，可以节约很多沟通成本，帮助用户表达对产品的期望和要求，但通常不能实现与用户的互动。

不同于高保真原型，低保真原型的目的不是为嵌入最终产品中，而是为了设计的折中，在达到目的后舍弃或演变为最终产品。这种方式只需更少的时间、专业技能和资源，易于制作、修改，适用于早期设计。它的目的不是打动用户，而是向用户学习。使用低保真原型的目是在协同设计的过程中，帮助设计师倾听而不是说服，使用户需求与设计师意图，以及其他利益相关者的目标之间能够有效沟通并达成一致。

不论产品的类型如何，所有的低保真原型都具备以下几个优点。

1）在早期检测和修复主要问题

建立低保真原型可以快速接触用户的反馈，可以将问题可视化，并解决关于产品的易用性和功能上的核心问题。通过剥离不必要的装饰和设计，以及影响用户视觉和感知的最终形态，能够呈现出设计的核心想法和概念。在这个阶段，发现问题是产品最终能够成功的关键。在 1992 年软件原型和进化发展 IEE 座谈会上，有专家论证了快速原型可以解决大约 80% 的界面问题，在真正满足用户需求的产品设计过程中，低保真原型在一开始就为设计师敲响了警钟。除了帮助设计师发现重大问题，低保真原型同样可以促进解决这些问题。在 2012 年原型的心理体验研究中，斯坦福和西北大学的研究者们发现低保真原型能够引领他们重新分析失败，以此作为学习机会，培养进步意识并强化对创新能力的信念。研究结论表明建立低保真原型不仅仅影响最后的产品，也影响着设计师在设计进程中的参与程度。

2）低保真原型构建更容易且成本更低

不论个人或团队，只需很少或根本不需要专业技能即可构建低保真原型。只要产品和项目目标是清晰明确的，那么低保真原型的重点不会放在形式或功能上，而是关键点上。设计师需要思考接下来应把资源放在哪里？哪些地方应该避免资源浪费？哪些功能对用户来说才是关键？那些原始设想方向对了吗？是否需要转变方向或扩展其他选项？

3）获得反馈以侧重于高层次的概念而不是执行

原型设计的目的为了获得反馈，与高保真原型相比，低保真原型外表粗糙，主要是用于验证产品的基本假设及核心价值；高保真原型设计更加精细，将重心转向了产品的美观程度，用户可能会对字体的选择，色彩组合和按钮尺寸等细节发表意见而忽视他们对高层次概念的想法，比如流程规划、界面布局和语言等。因此，低保真原型可以强制用户思考核心内容而不是外表。

4）更有迭代的动力

迭代是交互设计过程中真正的关键，可以灵活地修正设计概念和需求。由于设计低保真原型所付出的时间和成本明显较少，能够激励设计团队进行反复的迭代，不断地改进设想，甚至从头开始做出巨大改变，尽快地设计出与市场对应的解决方案。

5）技术门槛低，易于携带和展示

低保真原型能够通过简单工具快速设计出来，可以是纸质的，白板的，也可以是软件制作，并且容地携带和展示。高保真原型需要消耗大量的时间和精力，模拟产品最终的视觉效果、交互效果和用户体验感受，需要通过软件技术实现交互效果，而且一些高保真原型需要特殊设备或环境才能展示。

网站低保真原型与任天堂 Miiverse 低保真原型示例如图 7-4 所示。

4. 高保真原型设计

高保真原型设计是产品最终的原型，但不是最终的产品，它包含交互设计，无限接近产品成型后的形态，开发的最终参照物。高保真原型可以忠实展示产品、工作流程及

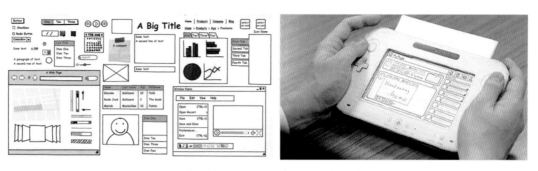

图7-4 网站低保真原型与任天堂Miiverse低保真原型示例

界面主要或全部的功能，是一种高功能设计和高互动性的原型设计，具有细致的交互效果，使用户像使用真实产品一样完成各种任务，例如数据的输入和输出、菜单选择和导航浏览等。高保真原型的开发需要消耗大量的时间和精力，一般根据开发状态制作高保真原型，它往往被用于需求分析之后的细节设计和可用性评估，发现产品在互动性和工作流程方面的问题。

高保真原型是数据可视化产品的最终效果图，是说明文档的主体，不仅包括静态界面，还包括交互，甚至数据保存和逻辑验证等，通常由产品经理和设计师共同合作完成。高保真原型从前期的需求和设计，到后期的开发和测试阶段贯穿始终，对产品经理、目标用户、设计师、开发和测试都起到了很大的促进作用。它帮助产品经理把需求具象化，确保产品逻辑的合理性，技术实现的可行性。另外，图文结合的产品需求文档理解更容易。对目标用户来说，比起长篇的说明文档，更喜欢看直观生动的高保真原型，并且能快速提供真实和宝贵的意见。对设计师来说，设计原型的过程也是梳理思路的过程，能更了解产品，快速验证与迭代，不断提升产品的易用性。开发人员也一样，能高效领会产品设计和开发要求，提高估算开发成本和开发时间的精准度。测试人员能了解正确的测试结果，编写测试用例，进行测试指导。

高保真原型具备以下几个优点。

1）明确设计并降低设计人员与开发人员的沟通成本

建立高保真原型可以解决早期阶段需求模糊的不确定性，清晰的可视化设计，能清楚地告诉团队成员，要做的可视化产品是什么样子，产品的功能需求、信息架构和用户体验有哪些，最终从用户的评价中获得需求，明确设计。同时，在团队协作中充斥着各种产品需求说明文档、流程图、交互文档、设计概念图和交付件等，不便于不同工作人员的沟通与交流。借助高保真原型，所有人只用看一个交付件，并且这个交付件可以反映最新的、最好的设计方案，产品的流程、逻辑、布局、视觉效果和操作状态。虽然制作高保真原型需要花费更多的时间和精力，但这完全可以降低沟通损耗，带来顺畅的开发制作流程。如果是远程协作的团队，这个好处会加倍放大。

2）减少项目风险并保证提高项目成功率

高保真原型使客户的想象更具体化，帮助客户说明和纠正不确定性，降低了项目风险。此外，通过高保真原型和客户充分交流，提高了客户满意度，项目成功率更高。高保真原型可以在只投入少数开发力量的同时，进行各种测试，帮助开发者模拟大多数使用场景，尽早对产品进行验证。

3）工作量具体化并保证产品质量

产品的开发分为迭代的短期开发，以源源不断的小成果持续验证产品，是为了避免风险，然后持续改进。高保真原型使设计、开发和测试等环节评估工作量变得有据可依。同时，用高保真原型验证产品的市场，获取最早期的市场信息，它是真实产品的试金石，能够保证产品的质量。

高保真的"高"是以完整的、可为用户服务的产品为标准，包含了产品的诸多元素，例如目标用户、用户需求场景、信息架构和布局等。高保真可以是对外观的高保真，也可以是对交互逻辑的高保真，或者对代码性能、流量消耗的高保真等。在创意发散阶段，假设项目进度已经到了需要确定精确尺寸、控件逻辑、尺寸、色调、纹理和风格等后期元素的程度，设计师就应以用户需求场景、信息架构和布局等为确定的基础约束条件进行发散，想出多种视觉设计方案填充到已有的低保真原型框架上，填充的越丰满，对最终完整产品的模拟程度越高。

总而言之，高保真原型是一把双刃剑，用得好可以成就最终的产品，如果把控不好，会引导用户、客户和设计团队成员从视觉和体验上思考，从而引出一些对细节的讨论，不利于产品功能的讨论。

网站高保真原型示例如图 7-5 所示。

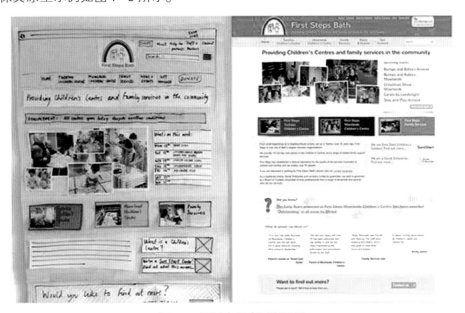

图7-5　网站高保真原型示例

7.1.3　原型设计的方法

在进行原型设计之前，作为交互设计师，首先要根据产品内容组织信息结构，其次是设定任务流程。要时刻通过思考用户场景的手段并融合以上两项的成果，从而制作出优秀的交互原型。

组织信息结构——让设计师对产品中包含的元素有清楚的认识并且形成严谨的结构，在此基础上进一步形成初步的导航体系。设定任务流程——让设计师从每一条任务线出发，将用户行为按照次序有逻辑地串联起来。基于以上两项，制作原型就是将成熟的思考内容融合在一起，用界面形式表达出来，即"信息结构 + 任务流程 = 交互原型"。在画原型的过程中，要时刻思考用户场景。

1. 组织信息结构

不同的产品有不同分类或属性，也对应着不同的实体对象。我们首先要对产品中可能呈现的信息进行分析组织，然后进一步从信息重要性等因素出发，进行分类规划，初步形成整个产品的导航结构。

以在线购买电影票产品为例，最重要的两个实体对象是电影和电影院。其中电影按照上映状态可以分为正在热映和即将上映两类，每个影片对应着不同的属性值，包括电影名称、类型、评分、上映时间、导演、演员、剧情、剧照、预告片和观众评论等。电影院可以按照地理位置进行划分，或按照影院品牌等分类方式划分，每个电影院同样可以包含不同的属性值，例如影院名称、具体地理位置、联系电话、评分、用户评论和用户距离等。影片和电影院对应后，会有场次时间、价格和座位选择等信息。

2. 设定任务流程

用户使用任何产品都有目的性，为了达到目的，用户需要按照产品设定的流程，采取一系列的操作不断接近最终想要的结果。每个任务有不同的优先级，可以从重要程度、使用频率和潜在用户数三个维度进行综合考虑。通过梳理产品中包含的任务流程以及主要任务和次要任务的区分，可以明确任务流程，并结合梳理的信息结构，进一步得出页面流程和跳转逻辑。

比如用户想购买一款剃须刀，他首先需要打开购物类网站，然后在搜索栏中输入剃须刀并点击搜索，接下来可能通过选定品牌、价格等条件进一步筛选，再逐个查看搜索结果，直到找到喜欢的一款剃须刀加入购物车，最后输入收货信息，确认下单后付款。设定任务流程需要将不同的静态信息内容用线条串联起来，引导用户无障碍实现他们的最终目的。无障碍是最基本的要求，强调的是任务可完成，不能设计成迷宫，用户不知道下一步该如何做，所以设定一个无障碍的任务流程是画原型图之前非常重要的步骤。

3. 思考用户场景

通过前两项的准备，设计师可以进入原型设计阶段，在这一阶段中要时刻思考用户场景，以场景化的方式描述需求，才能够有效避免弊端。场景是人物、时间和地点三要素所组成的特定关系。场景化将时间、地点和人物串联起来组成一个关于用户使用的故事，勾勒用户当时的心情与意图，与用户形成情感关联。最后根据这个有温度的和生动的故事，结合实际的数据验证或竞品的分析去设计产品。

要做好场景化下的用户思维的运用：首先，要对用户场景中的功能进行梳理，整理出符合用户心智模型的信息架构。其次，要对功能所处的应用场景进行详细分析，了解场景的特殊性与限制条件。同样的功能在不同的场景中的设计不是一成不变的，需要根据场景进行相应的变化。最后，针对场景下的功能需求，提供出合理、合适的解决方案。

在交互设计过程中，脱离场景进行的设计是无价值的。通过思考场景，从用户的角度考虑，用户可能在什么场景使用产品，能使设计师明确原型交互如何更好支持不同的场景。产品经理可以更好地梳理新功能帮助用户解决问题。交互设计师、视觉设计师和程序员可以从中获悉需求场景的细节，例如使用频率、需求强度、用户拥有的能力和辅助工具等。

7.1.4　原型设计的流程

交互设计是以用户需求为导向，理解用户的期望、需求、理解商业、技术以及业内的机会与制约。基于以上理解，通过创造出形式，内容以及对于用户使用产品行为的优化设计，创造令用户满意且技术可行，具有商业价值的产品。交互设计关注用户场景和用户心理，设计的对象是用户行为，达成的目标是能用、易用和想用。因此，在开始做原型之前，需要整理需求，考虑以下几个要素：做这个原型的目的是什么？这个原型的受众是谁？这个原型有多大效率帮助设计师表达设计或测试设计？有多少时间做原型？需要什么级别的保真程度？

原型设计流程示例如图 7-6 所示。

图7-6　原型设计流程示例

1. 步骤一：画草图

画草图的目的是为了提炼想法，并且最好给画草图加上时间限制。画草图要避免陷入审美细节，尽可能快速地导出想法才是关键。

2. 步骤二：演示及评论

演示和评论的目的是把一些想法拿出来和大家分享，然后进一步完善想法。在演示过程中，要做好记录。

3. 步骤三：做原型设计

明确想法之后可以开始进行原型设计。这个阶段需要考虑很多细节，找出切实可行的方案，运用合适的原型表达。

4. 步骤四：测试

创建原型的目的之一是让受众检验产品是否达到预期，早期的原型测试能够节省大量的开发成本和时间，不会因为不合理的交互界面而影响后端的产品架构。所以，对设计师和开发者而言，原型是用来测试产品的绝妙工具。

7.2
测试

测试是原型设计过程中的关键步骤，是整体设计流程中主要的环节。在创建原型后，产品必须通过代表性的用户进行测试，从而获得用户的反馈，便于进一步修改。这里所指的产品可能是一个网站、软件、APP 应用或者服务，它可能尚未成型，测试时可以使用早期的草图、线框图和低保真原型测试，也可以是后期的高保真原型测试。通过用户测试，设计团队可以直接和有效地洞察产品在用户行为、界面可用性、用户期望与功能契合程度等方面的表现。

7.2.1　原型测试的目的和目标

测试一个产品的原型，其目的就在于模拟现实中的 APP、Web 或其他类型产品的真实应用场景，并且反映真实产品可能存在的问题和隐患，避免潜在的风险。测试产品原型的目标是不一样的，它有很多种，例如测试界面的用户友好程度，测试交互产生的结果是否符合用户的心理期待等。但在测试过程中需要特别注意的是尽量不要在一次测试中检查过多问题，最好保持一次测试中测试目标的固定，还要保持本次测试目标的唯一性。

原型阶段的测试，可以帮助设计团队在产品开发初期达到以下几方面的目标。

（1）在产品进入开发流程之前，发现并解决那些需求和功能设计不合理的问题。

（2）辨识并去除多余的功能，节省开发成本。

（3）尽早发现结构布局和交互方式等方面的问题，在迭代过程中，有针对性地优化用户体验，推动产品开发，提升最终产品的用户满意度。

7.2.2　原型测试的主体和参与者

测试的主体是原型，保证每个参与者手中的原型一致。这里的重点是参与者，测试中的参与群体是否正确，很大程度决定这次测试能否成功、能否为产品的设计开发提供有效的建议和反馈。

正确的参与群体需要至少从以下三个方面选取。

1. 开发团队期待的目标用户

通过部分目标用户测试原型，反馈和建议对产品的下一步开发和设计有更直接的作用。

2. 竞争产品的使用者

这部分群体把测试的原型与自己正在使用的产品作比较，这样一来更容易了解目前设计的缺点和不足。

3. 团队内部的推广或者市场人员

这部分群体的反馈与市场需求联系紧密，可以强化产品的商业价值。同时，这部分人群与开发团队期待的目标用户直接接触，有时他们不仅会从用户的角度考虑，还会从如何让用户接受的角度考虑问题。所以这部分群体参与原型测试，也许会带来意想不到的收获。

7.2.3　原型测试的方式

1. 用户测试

原型测试的方式及流程并不复杂，较为简单的方式是选择合适的用户作为测试对象，与用户进行非正式的谈话，谈话中设计人员负责解释产品思路和草图，向他们提出一系列需要使用原型来完成的目标，观察和听取用户的想法，记录他们的行为及口头陈述反馈。

通过用户测试（见图7-7），可以直接和有效地洞察产品在用户行为、界面可用性、用户期望与功能契合程度等方面的表现。

图7-7　用户测试

2. 可用性测试

复杂的方法是进行严格的可用性测试，由有经验的设计师或者可用性专家，从测试的目的出发，围绕用户使用场景与典型任务，招募具有代表性的用户完成产品的典型任务操作。同时观察员和开发人员在一旁观察，聆听并做记录，侧重观察用户使用产品的行为过程，关注用户与产品的交互，测试结束后及时分析测试结果，界定可用性问题并排列问题优先级，找到联系及背后原因，最终解决这些问题。

可用性测试是典型的用户在特定的使用场景下，为了达到特定的目标而使用某产品时，所感受到的有效性、效率及满意度。主要关注以下三方面的内容。

（1）有效性（effectiveness）：用户能够达成自己的目标。

（2）效率（efficiency）：用户不必做无用功，就能以最短的路径达成目标。

（3）满意度（satisfaction）：是否给用户带来不愉快的体验。

只有确定了用户、使用情况和目标这些前提后，才能使用有效性、效率和满意度等标准对其进行评价。

在可用性测试中需要使用任务场景，在测试中，可以询问用户自己的场景，避免通过场景告诉用户如何完成任务。观察用户如何完成任务，并根据用户的操作情况判断当前的原型设计是否能够帮助用户在特定的场景下顺利完成任务。在正式测试前，需要设置任务和期望，设置预期完成任务的所有路径和步骤，测试后，可与用户完成任务的真实过程进行对比，思考交互设计是推动还是阻碍任务的完成。

可用性测试（见图 7-8）与用户研究的方法有不同，比如访谈和任务分析，二者是不同的，用户研究在产品构思阶段之前进行，而可用性测试则在构思阶段之后进行。通过用户反馈和可用性测试可以发现交互原型的主要问题，如需求和功能，以及某些方面的细化，如按钮标签、操作顺序和优先级等。

图7-8　可用性测试

3. 其他测试方法

Log（日志文件）分析：以软件产品为例，可以在用户使用原型的过程中记录日志，分析用户的行为，如点击次数、停留时间、返回或退出的方式等。在分析具体的交互设计时，最好建立模型，例如用数据会证明设计的合理性。

A/B Test（水桶测试）：设计师提供两个或者多个原型方案，同时让用户使用，然后根据数据或用户反馈来比较，从而选择更优的方案。

通过眼动仪追踪视线便于发现用户的关注点，这种方法特别适用于微观的布局设计，但是在大多数情况下，原型设计不需要这个层面的测试和观察，因为有很多显而易见的问题可以被更便捷的方法识别。

7.3
评估

通过原型评估可以确认架构、逻辑和使用场景的交互设计方案的正确性、完整性、安全性和质量，在交互设计过程的各个阶段会用到不同形式的评估，是为了通过原型直接或间接与用户进行沟通，更透彻地了解用户需求，改进设计。

设计人员不应假设其他人同自己一样，也不应假设遵循设计指南就足以确保良好的可用性，需要进行评估，检查用户能否使用以及是否喜欢这个产品。如 Nielsen Norman 指出用户体验包含最终用户与系统交互的所有方面，其首要需求是满足用户的确切需要，其次是使产品简单和优雅，让用户感觉舒心和愉悦。

可用性测试的本质是评估，并非创造。可用性评估是对产品可用性进行评估，检验其是否达到用户满意的标准。可用性测试是评估典型用户执行典型任务的情形，问卷调查和访谈法可用于了解用户的满意度。评估是围绕一系列问题进行的，其目的是检查设计能否满足用户的需要。

目前的可用性评估方法较多，按照参与可用性评估的人员划分，可以分为专家评估和启发式评估；按照评估所处的软件开发阶段，可以将可用性评估划分为形成性评估和总结性评估，以及认知过程走查法。

7.3.1　专家评估

专家评估是出现较早且应用较广的评估方法。它在定量和定性分析的基础上，以打分等方式做出定量评价，其结果具有数理统计特性。其最大的优点在于，能够在缺乏足够统计数据和原始资料的情况下做出定量估计。专家们将自己发现问题列出来，与对应的法则相关联，或者根据法则查找问题，然后专家们分别给自己的问题打分。专家们完成自己的问题列表后，一起讨论，将问题整合。常用的打分方法如下。

4 分——问题太过严重，一旦发生，用户的进程会终止并且无法恢复。

3 分——问题较为严重，很难恢复。

2 分——问题一般严重，但是用户能够自行恢复，或者问题只会出现一次。

1 分——问题较小，偶尔发生，并且不会对用户的进程产生太大影响。

0 分——不算问题。

7.3.2　启发式评估法

启发式评估法是使用一套相对简单、通用和有启发性的可用性规则进行的评估，更关注整体，启发式评估法具有以下特征。

(1) 交互专家以启发性规则为指导，评定用户界面元素是否符合原则。

(2) 交互专家以角色扮演的方式，模拟典型用户使用产品的情形，从中找出潜在的问题。

(3) 参与评估的交互专家数量不固定。

(4) 成本相对较低，而且较为快捷，因此也被称为经济评估法。

(5) 精度不高。

启发式评估法的步骤如下。

(1) 汇集一系列的可用性评估原则。

(2) 3~5 个交互设计专家一起进行。

(3) 进行事前的评价练习。

(4) 每个评估成员独立工作。

(5) 比较评价笔记，总结结果。

7.3.3 认知过程走查法

认知过程走查法涉及用户经历某个场景的一系列步骤，并关注其中可能产生的问题，更关注细节。其特征让用户经历一系列的网站中的典型的任务或场景，注意其中用户可能遇到的可用性问题，但不让用户参与进来，而是使用观察法进行分析性的评价，认知过程走查法主要用于观察用户完成任务的难易程度，把任务分解成多个步骤，每个步骤需要问用户问题，并且保持记录，记录重要的信息。

任务进行中每个步骤的参考问题如下。

(1) 现在的行为和用户的目标一致吗？

(2) 行为可视吗？用户可以操作吗？

(3) 用户能正确的认知行为吗？有正确的标签示意吗？

(4) 用户能理解反馈吗？

(5) 用户知道他们该做什么吗？

(6) 用户能知道怎么做吗？

(7) 用户会得到反馈吗？

(8) 用户能理解反馈吗？

7.3.4 形成性评估与总结性评估

形成性评估是指在开发或改进过程中，请用户对产品或原型进行测试，通过测试后收集的数据和用户反馈改进产品设计直至达到所要求的可用性目标。形成性评估的目标是发现尽可能多的可用性问题，通过反复修正可用性问题实现产品可用性的提高，总结性评估的目的是横向评估多个版本或者多个产品，输出评估数据进行对比。

7.4
推荐阅读

图7-9 《原型设计:实践者指南》

1.《原型设计:实践者指南》

【作者】 Todd Zaki Warfel,汤海,李鸿（译者）。

【出版社】 清华大学出版社。

【内容简介】 《原型设计:实践者指南》（见图 7-9）可帮助设计师洞察设计想法，测试产品预设条件和收集用户反馈意见。本书向读者表明原型不只是一种设计工具，它还可能帮助产品推广，赢得更多内部支持，并有机会和开发团队一起测试产品的可行性。

2.《妙手回春：网站可用性测试及优化指南》

【作者】 Steve Krug,De Dream（审校），袁国忠（译者）。

【出版社】 人民邮电出版社。

【内容简介】 《妙手回春：网站可用性测试及优化指南》（见图 7-10）是作者 Steve Krug 继畅销书《点石成金：访客至上的网页设计秘笈》后推出的又一力作。多年来，人们认识到网站可用性测试可以极大地改善产品质量，但鉴于正规的可用性测试流程复杂和费用高昂，很少人这样做。在本书中，作者详细阐述了一种简化的网站可用性测试方法，让任何人都能够尽早并频繁对网站、应用程序和其他产品进行可用性测试，从而将最严重的可用性问题消灭在萌芽状态。

3.《人机交互：以用户为中心的设计和评估》

【作者】 董建明,傅利民,［美］沙尔文迪。

【出版社】 清华大学出版社。

【内容简介】 《人机交互：以用户为中心的设计和评估》（见图 7-11）全面介绍了以用户为中心的人机界面的设计和评估方法。采用这种系统的方法不仅可以有效地防止软件产品可用性不高，而且还能帮助设计人员设计高水平的产品。以用户为中心的设计和评估是多学科交叉的新兴领域，对软件工业及一般产品设计产生重大和深刻的影响。

课程作业

以 5 人为一组，选择一款音乐类 APP 创建原型，绘制原型图，结合场景和角色表达交互行为，并在团队中进行原型测试与评估。

图7-10 《妙手回春:网站可用性测试及优化指南》

图7-11 《人机交互:以用户为中心的设计和评估》

第 **8** 章

交互技术
的发展与未来

8.1
交互技术

在交互系统中技术的价值在于解决实际问题，实现还在概念阶段的产品，满足人们的某种需要。交互技术的发展和融合，以及新技术的推出，使交互系统的性能提升。人机交互研究领域的开创者之一，微软首席用户体验设计专家比尔·巴克斯顿指出用户不会与计算机交互，而是与计算机提供的服务交互。在未来，各种技术将糅杂一起，出现一个无缝的设备生态系统，所有设备都能交互作用。随着各种智能手机和平板等电子设备的巨大成功，人们意识到目前技术条件已经成熟，除了使用键盘和鼠标操作计算机以外，交互方式还有无尽的可能，设计师需要认识技术、了解技术发展的前沿和应用技术，或者设想和引导技术的创新。

8.1.1 普适计算

普适计算又称普存计算、普及计算（pervasive computing 或者 ubiquitous computing），这一概念强调和环境融为一体的计算，在普适计算的模式下，人们能够在任何时间、任何地点、以任何方式进行信息的获取与处理，而计算机从人们的视线里消失。

早在 80 年代末期，施乐帕克（xerox parc）研究中心的首席技术官 Mark Weiser 是最早提出并积极倡导无所不在的计算概念的人。Weiser 认为 21 世纪的计算机会融入网络、融入环境和融入生活。因此，计算机会更小和更廉价。同时，计算机会有网络连接、超越图形界面、可以与环境和人做更多的交互。他认为最伟大的计算技术是那些从人们的视线中消失，而融入日常生活用品中，让人们意识不到计算机器的存在。1991年 Mark Weiser 在所发表的论文中提出 Ubiquitous Computing 的核心主要是指三个方面：第一是普适计算所关注的焦点是人们对于行动运算装置见解的角度（当人们正在移动时所利用科技装置所展现的计算能力，例如 Nike+iPod、iPhone 和 PSP 等），并且可以利用这些装置在环境中实行任务；第二是这些应用活动的建立和部署阶段的方法，例如利用 RFID 传感追踪老人状态的智慧照护和远距医疗服务等；第三是如何达到资讯和服务功能的无所不在，例如利用蓝牙或 WiFi 在下班路上遥控家里的智能冰箱和电饭煲等。

普适计算的本质不在于开发新的计算设备，而在于开发新的计算模式以及与之相适应的人与计算机之间新的交互方式，使计算机真正进入人们的工作和生活，成为像空气、水电一样的生活必需品，并像笔纸、刀叉一样使用方便。人们走进一个房间就不知不觉和一个或多个普适计算系统交互，调节室温、灯光等，它们连成的网络可以对人的存在和行为做出反应。

Nike+iPod 运动套件（见图 8-1）是测量和记录步行及跑步距离和速度的装置。它包含一个装在鞋底的微型计速传感器，通过随身携带的 iPod 互相通讯，记录使用者在健身设备上的锻炼数据，这些数据包括力健跑步机、多功能训练鞋和立式及卧式脚踏车。连上 iTunes，还能查阅曾经步行或跑步的历史记录。Nike+iPod 还能让用户把这些数据记录到专门网站。

图8-1 Nike+iPod运动套件

8.1.2 多点触摸技术

多点触摸（multi touch）技术是用户可以同时通过多个手指控制图形界面的一种技术。多点触摸设备是由可触摸设备，例如显示器、桌子、墙壁或者触摸板组成，通过软件识别同时触发触摸行为的点。

多点触摸技术目前有两种：多点触摸识别手势方向（multi-touch gesture）和多点触摸识别手指位置（multi-touchall-point）。我们现在使用最多的是多点触摸识别手势方向，即两个手指触摸时，可以识别这两个手指的运动方向、进行缩放、平移、旋转等操作，但不能判断具体位置。多点触摸识别位置可以应用于任何触摸手势的检测，可以检测双手十个手指的同时触摸，也允许其他非手指触摸形式，比如手掌、脸、拳头等，甚至戴手套也可以。它是最人性化的人机交互方式，适合多手同时操作的应用，比如博物馆和美术馆的多点触摸互动桌面（见图 8-2）。

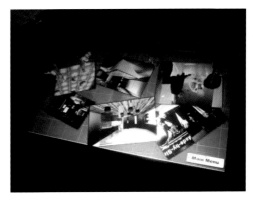

图8-2 博物馆和美术馆的多点触摸互动桌面

8.1.3 手势控制

手势控制（gesture control）指的是可以通过手臂、手掌和手指动作的位置操控对象，手势控制已在智能电视、游戏机和智能产品中得到广泛应用。如用手势代替遥控器操控电视机，用手势代替鼠标操控电脑，用手势代替游戏手柄玩游戏等。

手势控制的关键是输入和识别，涉及基于视觉和触觉的手势控制技术，基于视觉的手势输入是采用摄像头捕捉手势，再用计算机视觉技术进行手势图像特征的提取与分析，从而实现手势输入。基于触觉的手势输入是利用戴在手上或手持的设备，其内置各类传感器，通过重力和方向感知实现手势输入。

比如微软专为汽车娱乐信息系统设计的手势控制专利（见图8-3），仅通过一枚摄像头捕捉手势操作，与常见的抬手、滑动和旋转完全不同，他们的手势控制动作更加具象化。食指抵住嘴唇表示调低手机外放音量，手张成喇叭状表示使用手机拨打电话，类似思考状攥下巴动作表示检索信息，点赞动作代表同意。用户操作时只需把智能手机放在仪表盘上方，用手机的内置摄像头捕捉手势和体态动作。

由 Apotact Lab 公司开发的一款手势感应设备 Gest 手套（见图8-4），取代了鼠标键盘的手势操作。它的外观结构像一个机械手套，主体部位是橡胶材质，四根信号线连接着四个黑色手坏，可以套在除大拇指以外的几个手指上。Gest 内置速度传感器、磁力计和陀螺仪，因此能够精准定位每一根手指，通过检测手掌移动分辨大拇指的动作，跟踪人手的每个关节，精确地捕捉人手的动作，并通过蓝牙将数据实时传送到电脑或移动设备。用户可以不需要键盘，戴着手套在任何平面打字或做其他事。

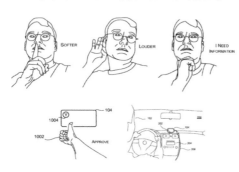

图8-3　微软为汽车娱乐信息系统的手势控制专利

图8-4　手势感应设备Gest手套

8.1.4　体感技术

体感技术在于人们可以直接地使用肢体动作，与周边的装置或环境互动，不需要使用任何复杂的控制设备，便可让人们身临其境与内容互动。从交互层面看，手势和体感的引入，使人们不再单一地依靠键盘和鼠标这样的传统输入方式，而直接用手势就可以完成。它的吸引之处在于操作方式来源于对现实的模拟，使用户与信息的交互越来越密切。

图8-5　任天堂Wii游戏主机的体感设备

任天堂 Wii 游戏主机的体感设备（见图 8-5），使拥有 Wii 游戏机的用户对着电视机，挥舞手中的体感交互控制器做运动，如打高尔夫和保龄球等。其他关于体感技术的应用还包括 3D 虚拟现实、空间鼠标、游戏手柄、运动监测和健康医疗照护等，在未来有很大的市场。

8.1.5　眼动追踪

眼动追踪是通过视线追踪技术，记录用户在处理视觉信息时的眼动轨迹特征，监测用户在看特定目标时的眼睛运动和注视方向，通过眼动仪记录眼球的运动轨迹，从中提取例如注视点、注视时间、眼跳距离和瞳孔大小等数据，从而研究个体心理的认知过程。利用眼动指标探测人机交互过程中视觉信息提取及视觉控制问题，如视觉信息搜索的速度、范围及其快捷性等，实现人，机，环境间的最佳交互。

通过眼动追踪技术，一方面分析用户的眼动轨迹和浏览习惯，另一方面完整而客观地还原用户对产品界面布局的视觉注意力、注视轨迹和关注质量。随着眼动追踪技术的不断创新和发展，以及互联网技术的需求不断加大，其在网站可用性方面的应用将越来越广，在游戏娱乐、虚拟现实、甚至是智能手机领域的需求日益旺盛，从而大幅提升用户的体验诉求，未来在虚拟设备中进一步帮助用户达到真实的感受。

眼动追踪技术在网站可用性方面的应用示例如图 8-6 所示。

8.1.6　面部表情识别

面部表情识别（见图 8-7）是利用计算机图形处理技术，对静态或动态的人脸图像进行分析和处理，从而获得人脸传达的信息，主要涉及人脸的表征、人脸的检测、人脸的跟踪识别、面部表情的分析和基于物理特征的分类，这种技术是通过人的面部表情洞悉人的内心世界。

图8-6　眼动追踪技术在网站可用性方面的应用示例

面部表情是人与人之间一种重要的信息交流方式，通过面部表情传达的感情更易被对方理解，将面部表情识别应用于人与产品交互中，可以实现更自然和便捷的交互。目前这种技术在不断发展和完善的阶段，也应用在实际人机交互项目中，如门禁系统识别、网络支付和身份识别。

8.1.7　语音搜索

语音搜索（见图 8-8）是一项集

图8-7　面部表情识别

133

成了语音识别和多轮理解，语义分析等在内的复合型人工智能，它要求机器从思维、对话、情感等维度探寻人类充满不确定性的复杂行为——沟通。语音识别是针对复杂多变的语音搜索场景，通过深度挖掘大规模用户行为数据，利用深度学习技术，理解用户的表达。除此之外，人类正常沟通中无法避免的信息折损，使机器必须掌握多轮理解——在语音搜索中让人与机器基于上下文语境多轮交谈。具体而言，

图8-8　语音搜索

基于语意结构理解和指代消解等技术，理解用户对话的上下文信息，实现对话的补全与替换，从而真正理解用户需求。为了贴近自然的对话方式，语义理解技术变得颇为关键，这要求语音搜索必须包含对需求的理解和对数据资源的整合。

语音搜索这种非物理接触式的人机交互方式，从最基础的方面，它可以让那些不会打字、不爱打字，甚至不屑打字的群体用比打字更迅捷自然的方式获取信息与服务。数据显示，使用文本输入速度为 1 s/ 字，而使用语音搜索输入速度为 100 ms/ 字。在未来，应用场景的变化无疑让语音搜索日趋成为主流。

8.1.8　可穿戴计算

可穿戴计算是一种将计算机穿戴在人体上进行各种应用的计算机技术。目前国际上尚无明确和完备的定义，国际上公认的可穿戴计算技术的先驱者，加拿大的斯蒂夫·曼恩（Steve Mann）教授认为可穿戴计算机系统属于用户的个人空间，由穿戴者控制，同时具有操作和互动的持续性。正如人类将计算机作为外部设备使用一样，在一个可穿戴计算机系统中，计算机可以将人类的头脑和身体变成它的一个外部设备。同时，可穿戴计算机和人类之间的互动是持续性的，更重要的是，为了满足用户正在进行的任务，可穿戴计算机还能够进行多任务操作。

可穿戴计算技术并非是简单地把计算机微小化后直接穿戴在人们身上，它需要解决很多关键性的技术才能真正发展起来，以满足人们的应用需求。目前，可穿戴设备（见图 8-9）多以连接手机及各类终端的便携式配件形式存在，主流的产品形态包括以手腕

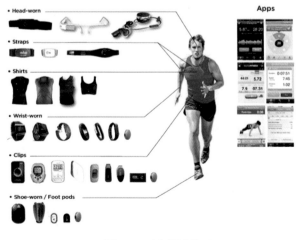

图8-9　可穿戴设备

为支撑的 watch 类(包括手表和腕带等产品)，以脚为支撑的 shoes 类(包括鞋、袜子或者将来的其他腿上佩戴产品)，以头部为支撑的 glass 类(包括眼镜、头盔、头带等)，以及智能服装、书包、拐杖和配饰等各类非主流产品形态。人们对网络的依赖日益增强，可穿戴设备强化了这种依赖性。

8.1.9 虚拟现实技术

虚拟现实技术〔virtual reality，简称 VR，见图 8-10〕是借助计算机图形图像技术及硬件设备，可以创建和体验虚拟世界的计算机仿真系统，它利用计算机生成一种模拟环境，是一种多源信息融合的、交互式的三维动态视景和实体行为的系统仿真，使用户沉浸该环境中。可以说虚拟现实技术产生一个三维空间的虚拟世界，提供给用户关于视觉、听觉和触觉等感官的模拟，让用户如同身临其境，可以及时和没有限制地观察三度空间内的事物。

图8-10 虚拟现实技术

虚拟现实技术主要包括模拟环境、感知、自然技能和传感设备等方面。模拟环境是由计算机生成的，实时动态的三维立体逼真图像；感知是指理想的 VR 应该具有一切人所具有的感知。除计算机图形技术生成的视觉感知外，还有听觉、触觉、力觉和运动等感知，甚至还包括嗅觉和味觉等，也称为多感知；自然技能是指人的头部转动，眼睛、手势或其他人体行为动作，由计算机处理与参与者的动作相适应的数据，并对用户的输入实时响应，分别反馈到用户的五官；传感设备是指三维交互设备。目前，虚拟现实技术除了应用于游戏领域，还应用于数字城市、场馆仿真、地产漫游、文物古迹复原、工业仿真、道路桥梁、油田矿井和水利电力等领域。

8.1.10 增强现实技术

增强现实〔augmented reality，简称 AR〕，是在虚拟现实的基础上发展起来的新技术，是一种实时地计算摄影机影像的位置及角度并加上相应图像的技术，这种技术的目标是在屏幕上把虚拟世界套在现实世界并进行互动。增强现实也被称为混合现实，它把原本在现实世界的一定时间空间范围内很难体验到的实体信息，如视觉信息、声音、味道和触觉等，通过科学技术模拟仿真后叠加到现实世界被人类感官所感知，从而达到超越现实的感官体验。增强现实技术的特点。

1. 虚实结合

虚实结合可以将显示器屏幕扩展到真实环境，使计算机窗口与图标叠映于现实对象，由眼睛凝视或手势指点进行操作；让三维物体在用户的全景视野中根据当前任务或需要交互地改变其形状和外观；对于现实目标通过叠加虚拟景象产生类似 X 光透视的增强效果；将地图信息直接插入现实景观引导驾驶员的行动；通过虚拟窗口调看室外景象，使墙壁变透明。

2. 实时交互

实时交互使交互从精确的位置扩展到整个环境，从简单的人面对屏幕交流发展到将自己融合在周围的空间与对象中。运用信息系统不再是自觉的独立行动，而是和人们的当前活动自然成为一体。交互系统不再具备明确的位置，而是扩展到整个环境。用户可以通过在三维空间的运动，调整计算机产生的增强信息。

和虚拟现实类似，增强现实需要使用一部配备传感器的可穿戴设备，比如智能眼镜或摄像头捕捉，但两者的相似点仅限于此。一款《精灵宝可梦 Go》游戏的流行让人们对 AR 技术产生了极大的热情。这款游戏可以让玩家在现实世界当中捕捉小精灵，在开启了 AR 模式之后，玩家能在手机屏幕上看到现实世界里小精灵了。AR 游戏《精灵宝可梦 Go》与增强现实技术示例如图 8-11 所示。

图8-11　AR游戏《精灵宝可梦Go》与增强现实技术示例

如今，功能强大的电脑越来越便宜，越来越小，能够放进各种各样的日常用品中。增强现实技术的应用可以使一切物体皆是触摸屏。美国麻省理工学院(MIT)的研究人员将微型电脑装到白炽灯的灯座中，并在电脑上安装摄像头和投影仪，能瞬间将任何物体表面变成触摸屏。

8.2
交互设计的未来

8.2.1　未来的互联网

目前，互联网的发展已经进入到一个新阶段，呈现出三个制高点：一是云计算引发大数据时代；二是物联网技术引发智能新模式；三是移动互联网彻底改变了人们的生活方式和拓展了新的行业模式。同时，网络通信技术和信息数字化为未来的交互设计提供了更多的可能性，未来的互联网将更深层次、更全面地覆盖人们的生活，连接更多的用户需求。

1. 互联网的用户数量和规模将进一步增加

目前全球互联网用户总数突破 30 亿，相比之下，全球的总人口数为 67 亿。预计到 2020 年全球互联网用户将增加到 50 亿，全球近一半人至少每月访问一次互联网。互联网在全球的分布状况日趋分散，在接下来的 10 年里，互联网发展最快的地区是发展中国家。这样，互联网规模的进一步扩大并成为人们构建下一代互联网架构的主要考量因素之一。

2. 无处不在的计算与连接

未来的互联网将摆脱以 PC 为中心的形象，越来越多的生活设施、城市基础设施等设备将被连接互联网。除了全球最普及的设备——智能手机，接下来电视、汽车以及生活中的一切设备开始互相连接，而无处不在的计算，将带来巨量的数据，设备间具备强大的、便捷的互相操作能力，协同工作完成复杂的任务对家庭、工作、生产和生活带来革命性的影响。未来会有数十亿个安装在建筑，桥梁等设施内部的传感器被连接互联网，人们使用这些传感器监控电力运行和安保状况等。到 2020 年以前，预计被连接互联网的传感器的数量将远远超过用户的数量。

3. 互联网数据传输量的增加

由于高清视频和图片的流行，互联网传输的数据量出现了飞速增长。未来 10 年的互联网将有几何级增长的海量数据，并且数据产生的速度越来越快。互联网将出现更多基于云技术的服务项目，如云计算数据中心和云服务平台等。

4. 移动互联网的爆发

移动互联网将移动通信和互联网二者结合，成为一体。它是互联网的技术、平台、商业模式与移动通信技术结合并实践的活动的总称。4G 时代的开启和移动终端设备的凸显必将为移动互联网的发展注入巨大能量。

移动互联网促进了网络化社会的形成，把单个用户的个性化需求汇聚起来，构成具有群体化特征的新世界。这些群体具有鲜明的特征，可以拉动技术的不断发展。移动互联网能够通过网络平台，高效地满足人们在不同时间、地点产生的碎片化需求，而这些需求是传统行业无法满足甚至从来没有过的新型小众需求。如社交进入视频时代，因为移动互联网的存在，社交在某种程度上越来越真实化；基于本地化的位置服务 LBS 将在未来发挥巨大的作用，随时随地可以进行的移动搜索与移动电子商务等。

5. 网络安全伴随发展始终

随着互联网规模的扩大，互联网用户数猛增，用户在网络平台和移动设备存储了大量的数据，安全隐患逐渐暴露。互联网便利我们的生活，但频发的安全事故造成的负面影响是巨大的，未来网络安全的保障与互联网的发展如影随形。

6. "互联网 +"

随着互联网在更多产业领域的连接和渗透，以及移动互联网的高速发展，需要更多的创新改变原有的业态模式，更快速高效地转化为更强的科技生产力。"互联网 +"代表一种新的经济形态，"+"是指各种传统行业，依托互联网信息技术实现互联网与传统产业的联合，以优化生产要素、更新业务体系、重构商业模式等途径完成经济转型和升级。"互联网 +"计划的目的在于充分发挥互联网的优势，将互联网与传统产业深入融合，以产业升级提升经济生产力，最后实现社会财富的增加。

8.2.2　云计算与云服务

1. 云计算

云计算（cloud computing）是基于互联网的相关服务的增加、使用和交付模式，通常涉及通过互联网提供动态易扩展且虚拟化的资源。云是网络和互联网的一种比喻。狭义云计算指 IT 基础设施的交付和使用模式，指通过网络以按需、易扩展的方式获得所需资源；广义云计算指服务的交付和使用模式，指通过网络以按需、易扩展的方式获得所需服务。这种服务可以是 IT 软件、互联网相关或是其他服务。它意味着计算能力可作为一种商品通过互联网进行流通。

云计算使计算分布在大量的分布式计算机上，而非本地计算机或远程服务器中，企业数据中心的运行与互联网更相似。这使企业能够将资源切换到需要的应用上，根据需求访问计算机和存储系统。好比从古老的单台发电机模式转向了电厂集中供电的模式。它意味着计算能力可以作为一种商品进行流通，就像煤气和水电一样，取用方便，费用低廉。最大的不同是通过互联网进行传输。

2. 云服务

云计算（见图 8-12）的发展将改变人们获取信息、分享内容和互相沟通的方式，并带来相应的云服务。云服务的基础是云计算，云服务的本质就是广泛、主动和高度个性化。企业或个人不需要在电脑中安装大量套装软件，而是通过浏览器接入到一种大范围的、按需定制的服务，为人们和企业提供所需要的丰富的用户体验。

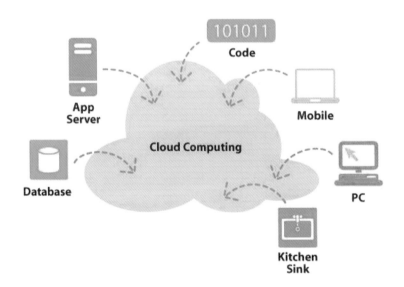

图8-12　云计算

云服务包括以下几个层次。

（1）软件即服务（software-as-a-service 简称 SaaS）：提供给客户的服务是运营商运行在云计算基础设施上的应用程序，用户可以在各种设备上通过客户端界面访问，如浏览器。

（2）平台即服务（platform-as-a-service 简称 PaaS）：提供各种开发基于云计算的应用解决方案，比如虚拟服务器和操作系统。

（3）基础设施即服务（infrastructure-as-a-service 简称 IaaS）：在单次使用的基础上为公司提供服务器、储存器、网络服务以及数据中心。

（4）公共云：公司有权管理这些空间，公共云为其提供通过公共网络更快接近用户的渠道。

（5）私人云：与公共云类似，只不过该空间只有特定的一方，如用户、组织、公司或其他对象享有。

（6）混合云：拥有私人云的基础，但能提供公共云的分享渠道。

8.2.3　物联网

物联网（Internet of things，IOT，见图 8-13）是由物构成的网络，即物与物相连的互联网。物联网的提出与信息技术的发展密切相关，是无处不在的计算机技术得到广泛应用的结果。物联网的核心和基础仍然是互联网，是在互联网基础上的延伸和扩展的网络；其用户端延伸和扩展到了任何物品与物品之间进行信息交换和通信，也就是物物相息。

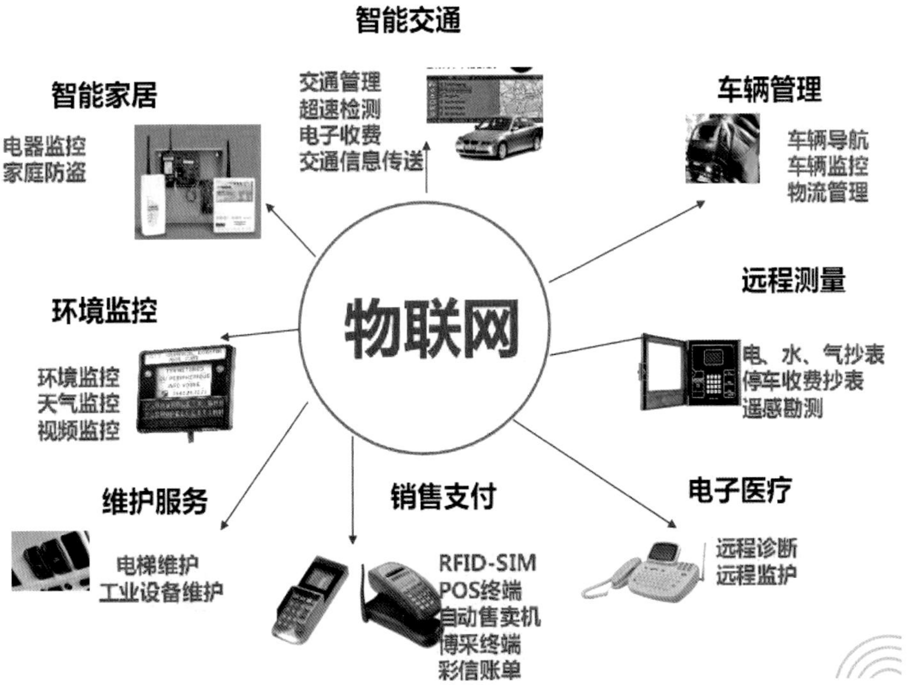

图8-13　物联网

物联网的本质概括起来主要体现在三个方面：一是互联网特征，即对需要联网的物一定要实现互联互通的互联网络；二是识别与通信特征，即纳入物联网的物一定要具备自动识别与物物通信的功能；三是智能化特征，即网络系统应具有自动化、自我反馈与智能控制的特点。

物联网通过智能感知、识别技术与普适计算等通信感知技术，广泛应用于网络的融合中，因此被称为继计算机、互联网之后世界信息产业发展的第三次浪潮。物联网是互联网的应用拓展，与其说物联网是网络，不如说物联网是业务和应用。因此，应用创新是物联网发展的核心，以用户体验为核心的创新 2.0 是物联网发展的灵魂。

8.2.4 人工智能

人工智能（artificial intelligence，简称为 AI），它是研究、开发用于模拟、延伸和扩展人的智能的理论、方法、技术及应用系统的一门新的技术科学。人工智能是计算机科学的一个分支，它企图了解智能的实质，并生产一种新的能以人类智能相似的方式做出反应的智能机器，该领域的研究包括机器人、语言识别、图像识别、自然语言处理和专家系统等。人工智能的技术应用主要在以下几个方面：自然语言处理（包括语音、语义识别和自动翻译）、计算机视觉（图像识别）、知识表示、自动推理（包括规划和决策）、机器学习和机器人学；按照技术类别可以分为感知输入和学习与训练两种；计算机通过语音识别、图像识别、读取知识库、人机交互和物理传感等方式，获得音视频的感知输入，然后从大数据中进行学习，得到一个有决策和创造能力的大脑。

随着深度学习技术的成熟，人工智能正在逐步从尖端技术慢慢变得普及。一旦机器具有学习能力，就可以创造一个可以像人脑一样宽泛，有选择学习的人工智能，而不像传统的代码考虑每一种可能性。这种人工智能被称为 AGI（artificial general intelligence），使机器的学习变得更灵活，让代码对不同的境况有适应性，能更高效的帮助人类，并有效地控制失误率。人们可以更高效的看病，因为人工智能会结合大数据对病症做出比医生更准确的判断；也可以在极端的施工场地保护人类，承担危险的工作；人工智能汽车通过预测能将事故率降低 90%，甚至更多。在未来，智能软件，机器人将承包更多简单地工作，而留下更多的时间给人类创造、探索，这不仅对科学产生巨变，对人类社会也产生巨大的影响。

例如 AlphaGo 对决韩国围棋手李世石，这场人机大战激起了全世界人民的关注。前三局的三连胜，AlphaGo 向人类宣告了一个新的时代来临——人工智能。AlphaGo 和人类的对弈（见图 8-14），并不是我们以往理解的电子游戏，电子游戏的水平永远不会提升，而 AlphaGo 则具备了人工智能最关键的深度学习功能，它并不是考虑每一步棋的所有可能性，而是根据经验预判而做出决定。这样的行为类似人类，甚至超越人类的学习方式，对未来整个科技的发展带来巨变。

图8-14　AlphaGo与人类的对弈

8.2.5　智能家居

　　智能家居（smart home 也称为 home automation，见图 8-15）是在物联网的影响下的物联化体现。智能家居通过物联网技术将家中的各种设备，如音视频设备、照明系统、窗帘控制、空调控制、安防系统、数字影院系统、网络家电以及三表抄送等连接一起，提供家电控制、照明控制、窗帘控制、电话远程控制、室内外遥控、防盗报警、环境监测、暖通控制、红外转发以及可编程定时控制等多种功能和手段。与普通家居相比，智能家居不仅具有传统的居住功能，兼备建筑、网络通信、信息家电、设备自动化，集系统、结构、服务、管理为一体的高效、舒适、安全、便利和环保的居住环境，提供全方位的信息交互功能，帮助家庭与外部保持信息交流畅通，优化人们的生活方式，帮助人们有效安排时间，增强家居生活的安全性，甚至为各种能源费用节约资金。智能家居让用户以更方便的手段管理家庭设备，例如通过触摸屏、手持遥控器、电话、互联网控制家用设备，使多个设备形成联动；智能家居内的各种设备相互可以通讯，不需要用户指挥也能根据不同的状态互动运行，从而给用户带来最大程度的方便、高效、安全与舒适。

图8-15　智能家居

8.2.6　未来的人机交互

　　互联网的进步，让我们周边的事物与建筑成为计算机屏幕。微处理器、传感器和联网能力等都用于日常物品中，创建更多的物联网。无线网络的覆盖，让我们无论在何时何地，只要有需要就可以立即在各种场景、地理位置访问所需的信息。人与信息的沟通是双向的，我们可以找到信息，信息也可以发现我们。产品和服务更好地服务于人，如机器人在我们的家庭、学校和商业场所中执行任务，通过其智能系统帮助我们。交互技术的发展正在创造交互设计的未来，这些将改变人与世界，人与人之间的交互方式。

1. 目前人机交互方式的不足

　　目前来看这种场景需要一些时间才能实现，但随着可穿戴设备、智能家居和物联网等领域的发展，全面打造智能化的生活成为人们的聚焦点，人机交互方式会逐渐成为实现这种生活的关键环节。就目前而言，人机交互方式还存在着许多的不足，主要有以下三方面。

1）使用范围局限

在人机交互技术领域，尽管已经有许多新兴交互方式的尝试，比如体感交互、眼动跟踪和语音交互等，但大部分的交互方式使用率不高，还未进入真正意义上的商业应用普及中，不能达到人可以毫无障碍、随心所欲和设备交流的水平。体感交互目前只局限在游戏领域；动作捕捉交互方式被用于电影制作领域；包括眼球追踪，尽管谷歌眼镜做了应用的尝试，但更多是停留在一些专业的研究机构或者实验室的应用。对于不稳定的交互方式而言，显然在小众的专业领域内更容易被发挥，但使用范围局限，这与未来全面实现智能化的生活目标是相悖的。

2）仍未摆脱界面交互

虽然随着智能手机的普及，借助触屏解放了人们的双手，但触控这种交互方式本质上还是与传统的鼠标输入、显示屏输出一样，用户仍需要有意识地输入精准的需求，才能获得设备相应信息的反馈。如何能够帮助用户更简单、直观、人性化的交互，是未来交互需要解决的问题。

3）信息识别困难

除了被逐渐普及的多点触控交互方式以外，其他大部分的人机交互方式在技术使用稳定性上存在一定的局限与缺陷。特别是语音交互，对人工智能的要求相对较高，由于人类的语言复杂多元，情感丰富，机器识别的准确性和理解性较差，如苹果的 Siri，微软的 Cortana 和谷歌的 Google Now 等，普遍反应比较机械木讷，很难引发用户使用的欲望。

2. 未来的人机交互方式

未来是一个充满智能数据的时代，背景性和空间性互动将成为主流。城市将布满数据连接，无处不在的感应器，无所不在的网络，让城市更具感应性，每个人都成为数据接收设备，能收集数据、使用数据和创造数据。人们的生活方方面面会受到交互技术和思维的影响，接收信息的途径、方法、时间和地点会完全发生改变。在智能的社会空间里，交互是物联化的，计算机可以在任何时间、任何地点，因为任何事情为任何人所用，每个人都能被更好的服务，每个人都可以创造价值。

就总体趋势而言，未来的人机交互方式随着物联网的不断升级更新，以及人工智能的发展而不断朝以下三个方面发展。

1）以用户为中心

设备或机器能够时刻感知用户需求的本质来源，分析用户行为动机，并快速做出合理的反应。以用户为中心的交互方式已经不是着重于设计表层，操作方便等，而是更有效地识别用户表达的细微情感，并快速理解并满足潜在需求。

2）个性化的生物识别

随着用户对隐私的逐渐重视，以及对信息安全意识的增强。尤其是智能穿戴设备与人体的深度融合之后，个性化的生物识别人机交互方式会成为打造安全智能生活最大的前提。特别在支付领域，目前用户关注的首要核心仍是使用的安全性，其次才是支付的便捷性。随着识别技术的不断突破，未来可根据人身上的任何一个特性进行识别并激活设备从而支付。比如通过指纹、视网膜、心率或 DNA 等个人独有的特征完成某些行为。

3）全方位感知

许多设备目前停留在单一识别人的某一特征，从而进行机械回应的阶段，人类自然形成的与自然界沟通的认知习惯和形式必定是人机交互的发展方向。未来的设备通过掌握人类表达信息的方式，并调动感官分析，从而更加自然的与人类生物反应及处理过程同步，包括思维过程和动觉，甚至一个人的文化偏好等，将全方面地感知用户的需求，甚至预知潜在需求。例如在用户觉得冷或者热的时候，温控设备立马调节舒适的室温；累了的时候，音乐播放器会播放舒缓的音乐等。

4）设计与情感

未来，人与机器之间的交流，将从机械的外在互动上升至情感层面的交流，所有具体的操作性设备将自然而然融进整体的信息基础建设中，取而代之的是各种各样、无处不在、形状各异的传感器以及融合人工智能、大数据的云计算平台，它们将变得越来越聪明并善解人意，实时为人机交互系统提供源源不断的信息。例如智能设备可以感知使用者的出汗量判断使用者的心情，从而对智能设备的界面主题进行调整，匹配使用者当时的心境。

5）更丰富有效的反馈形式

从目前的技术发展看，人与计算机之间的联系仍以看、听、触三种为主，嗅觉和味觉尚未开发，而未来不仅会加强现有的视觉、听觉、触觉三类型的反馈，也会有更多关于嗅觉和味觉方面的尝试。可以想象在未来，当电话铃音响起时，伴随气味的提示，人们可以判定对方当前的情绪，打电话的目的等。

未来正在一步步走近，交互设计师的工作是创造，或者让交互更加自然。未来的人机交互方式是人们将摆脱任何形式的交互界面，输入信息的方式变得越来越简单、随意、任性，借助人工智能与大数据的融合，能够非常直观、直接、全面地捕捉人的需求。换句话而言，就是智能设备将懂得我们的潜在意图，并按照我们的意图执行以及反馈。它们就像最了解我们的亲密家人或者朋友一样，成为我们生活中不可或缺的部分。

8.3
推荐阅读

1. 《关键设计报告：改变过去影响未来的交互设计法则》

【作者】Bill Moggridge。

【出版社】中信出版社。

【内容简介】《关键设计报告：改变过去影响未来的交互设计法则》（见图8-16）讲述了交互设计所有最基本的东西，交互设计的发展历史和由来，交互设计领域里的关键人物，交互设计的基本原则和方法，交互设计的著名案例。书中收录了那些影响人类生活的42位交互设计师的精彩访谈，他们在这个领域的工作改变了人们工作和娱乐的方式，收录了交互设计史上的经典案例，例如笔记本电脑的发明、鼠标操作模

图8-16 《关键设计报告：改变过去影响未来的交互设计法则》

式改进、掌上电脑的成功问世、Amazon 界面对网络购物的冲击、i-mode 攻下日本手机市场、Google 界面的如何占领网络世界、iPod 横扫全球的设计秘密等，把对用户的关注，创新设计以及出色的领导能力和产品的成功建立因果联系。

图8-17 《虚拟现实：引领未来的人机交互革命》

图8-18 《智慧城市：大数据、物联网和云计算之应用》

2.《虚拟现实：引领未来的人机交互革命》

【作者】 王寒，王赵翔，蓝天。

【出版社】 机械工业出版。

【内容简介】《虚拟现实：引领未来的人机交互革命》（见图 8-17）重点介绍了 VR 的发展历程和概况、基础技术及进化历程；图文并茂地描述了 VR 产业的主流产品；生动讲述了 VR 舞台上大佬们的故事，如 Facebook、三星、索尼、微软、诺基亚、谷歌、Magic Leap、Autodesk、EPIC Games、Unity、苹果、腾讯、百度、阿里巴巴、小米、乐视及一些 VR 创业团队；重点分析和预测了 VR 在许多领域的应用案例，如虚拟军事、虚拟航天、医疗、教育、社交、电子商务、旅游和游戏等。此外，本书对目前国内 VR 企业投融资情况进行了整理分析，并提出了深刻的见解，值得想进入 VR 行业的创业团队或投资人参考和借鉴。

3.《智慧城市：大数据、物联网和云计算之应用》

【作者】 杨正洪。

【出版社】 清华大学出版社。

【内容简介】《智慧城市：大数据、物联网和云计算之应用》（见图 8-18）详细介绍了智慧城市大系统中的各个系统建设情况，提供了大量的试点例子，这些例子包括云数据平台、云平台、移动互联网、物联网、社交媒体、云存储、智慧环境、智慧政务、智慧旅游、中小型企业公共服务平台和智慧教育等，供读者研究。

4.《设计未来：基于物联网、机器人与基因技术的 UX》

【作者】 Jonathan Follett。

【出版社】 电子工业出版社。

【内容简介】《设计未来：基于物联网、机器人与基因技术的 UX》（见图

8-19）是一本针对未来科技浪潮下交互体验设计的前瞻性著作，不仅囊括已进入大众视野的物联网、机器人与基因技术，而且展望未来移动数字与可穿戴设备等新兴技术大爆发场景下，如何面向集群机器人、嵌入表皮的计算机及可生物打印的器官等下一代设备进行产品交互设计。更难能可贵的是，《设计未来：基于物联网、机器人与基因技术的UX》汇集设计师、工程师和科研人员的交叉视角，基于颠覆性前沿科技产品的用户体验展开前卫设计和可行性设计实践的探索。既有全局框架，又有生态剖析，更有后果推演，将方法的丰富性、场景的复杂性与创意的独特性融于一身，非常适合创新产业人员及对未来充满好奇心的普通读者阅读。

图8-19　《设计未来：基于物联网、机器人
　　　　 与基因技术的UX》

课程作业

根据本章的交互技术及未来交互方式，选择其中一种技术形式并进行产品概念设计，要求交互行为方面有所创新。